我的第一本科学漫画书

科学实验王

升级版

KEXUE SHIYAN WANG

37 溶剂与溶质

RONGJI YU RONGZHI

[韩] 故事工厂/文
[韩] 弘钟贤/图
徐月珠/译

二十一世纪出版社集团
21st Century Publishing Group

审订序

通过实验培养创新思考能力

少年儿童的科学教育是关系到民族兴衰的大事。教育家陶行知早就谈到："科学要从小教起。我们要造就一个科学的民族，必要在民族的嫩芽——儿童——上去加工培植。"但是现代科学教育因受升学和考试压力的影响，始终无法摆脱以死记硬背为主的架构，我们也因此在培养有创新思考能力的科学人才方面，收效不是很理想。

在这样的现实环境下，强调实验的科学漫画《科学实验王》的出现，对老师、家长和学生而言，是件令人高兴的事。

现在的科学教育强调"做科学"，注重科学实验，而科学教育也必须贴近孩子们的生活，才能培养孩子们对科学的兴趣，发展他们与生俱来的探索未知世界的好奇心。《科学实验王》这套书正是符合了现代科学教育理念的。它不仅以孩子们喜闻乐见的漫画形式向他们传递了一般科学常识，更通过实验比赛和借此成长的主角间有趣的故事情节，让孩子们在快乐中接触平时看似艰深的科学领域，进而享受其中的乐趣，乐于用科学知识解释现象，解决问题。实验用到的器材多来自孩子们的日常生活，便于操作，例如水煮蛋、生鸡蛋、签字笔、绳子等；实验内容也涵盖了日常生活中经常应用的科学常识，为中学相关内容的学习打下基础。

回想我自己的少年儿童时代，跟现在是很不一样的。我到了初中二年级才接触到物理知识，初中三年级才上化学课。真羡慕现在的孩子们，这套“科学漫画书”使他们更早地接触到科学知识，体验到动手实验的乐趣。希望孩子们能在《科学实验王》的轻松阅读中爱上科学实验，培养创新思考能力。

北京四中 物理教研组组长 物理高级教师 厉璀琳

作者序

伟大发明大都来自科学实验！

所谓实验，是为了检验某种科学理论或假设而进行某种操作或进行某种活动，多指在特定条件下，通过某种操作使实验对象产生变化，观察现象，并分析其变化原因。许多科学家利用实验学习各种理论，或是将自己的假设加以证实。因此实验也常常衍生出伟大的发现和发明。

人们曾认为炼金术可以利用石头或铁等制作黄金。以发现“万有引力定律”闻名的艾萨克·牛顿（Isaac Newton）不仅是一位物理学家，也是一位炼金术士；而据说出现于“哈利·波特”系列中的尼可·勒梅（Nicholas Flamel），也是以历史上实际存在的炼金术士为原型。虽然炼金术最终还是宣告失败，但在此过程中经过无数挑战和失败所累积的知识，却进而催生了一门新的学问——化学。无论是想要验证、挑战还是推翻科学理论，都必须从实验着手。

主角范小宇是个虽然对读书和科学毫无兴趣，但在日常生活中却能不知不觉灵活运用科学理论的顽皮小学生。学校自从开设了实验社之后，便开始经历一连串的意外事件。对科学实验毫无所知的他能否克服重重困难，真正体会到科学实验的真谛，与实验社的其他成员一起，带领黎明小学实验社赢得全国大赛呢？请大家一起来体会动手做实验的乐趣吧！

目录

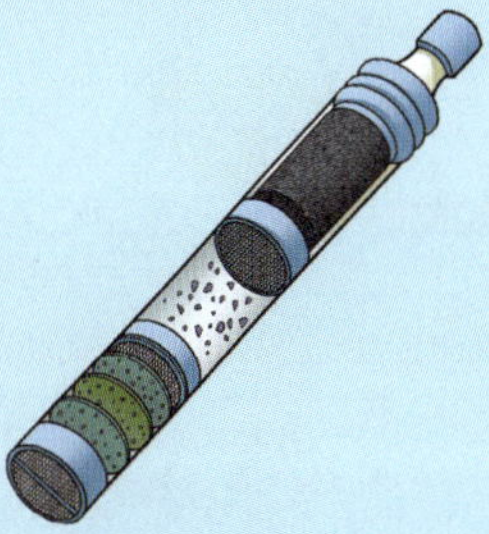

人物介绍

范小宇

所属单位：韩国代表队B队

观察内容：

- 虽行事鲁莽，但善于学习，在比赛中不断积累科学知识，是团队中独一无二的人物。
- 重视友情，认为朋友永远都是朋友，真心实意地替在德国队的朋友江瑞娜加油。
- 忍不住对赛场上初次见面的可爱女孩展现自己的才华。

观察结果：遇到朋友陷入危机，会像对待自己的事情一样，冲出来帮忙，非常暖心。

江士元

所属单位：韩国代表队B队

观察内容：

- 黎明小学实验社的领导者，总是保持平常心，能够冷静地做出判断。
- 只看实验的准备物品，就能分析出实验目的与方向。

观察结果：尽管与新人哈妮初次见面的情况很糟糕，仍然能够不计前嫌帮助她。

罗心怡、何聪明

所属单位：韩国代表队B队

观察内容：

- 不知从何时起，心怡总是在照顾大大咧咧又爱跑来跑去的小宇。
- 何聪明总能发挥细腻的观察力，分析未来小学实验社的特点。

观察结果：在韩国代表队A队的新选手让大家晕头转向时，他们并没有迷失，而是沉着地准备下一场比赛。

哈妮

所属单位：韩国代表队A队

观察内容：

- 实验实力尚不清楚，期待她的表现。
- 容易迷路，即使有指示牌也能在一个地方打转。
- 有着和范小宇一样的鲁莽性格。

观察结果：能化危机为转机，既有志气，又有毅力，让人印象深刻。

田在远

所属单位：韩国代表队A队

观察内容：

- 为了团队变得更强大而努力，是真正的完美主义者。

观察结果：虽然为了追求完美而有些固执，但勇于承认自己的错误并道歉，拥有豁达的人生态度。

江瑞娜

所属单位：德国代表队

观察内容：

- 以乐观、积极的态度，以及敏锐的判断力来掌控实验进度，带领德国队走出困境。

观察结果：拥有带领德国队走向最强队的能力。

❶ ❷

其他登场人物

❶ 为了搜集对手的情报不惜赴汤蹈火的江临。

❷ 即使已经猜出江临在想什么，也自信满满的汤玛士。

前情提要

因为比赛场地被流星击中，印度队与德国队的决赛不得不延期，而小宇与江临找寻陨石的竞赛也同时展开。当天晚上，大家一起观看流星雨，暂时忘记了决赛带来的紧张感，度过了一段愉快的时光。另一方面，奥林匹克比赛场上将有新成员登场……

第一部 炽热的冰山

哇啊啊
印度队，加油！
哇
国际奥林匹克科学实验决赛的第二次对决即将开始！
咔嚓 咔嚓
啊，已经快到比赛时间了，得快点把这个……
紧要关头，居然挤不出来？
甩甩
滴滴
可以了！

啊
德国队！加油啊！
哇啊啊
士元，快来啊！
比赛就要开始了，我已经让心怡占好位置了。小宇呢？没和你一起来吗？
范小宇？
他不是说整理好实验用品后要和你一起来吗？你没看到他？

全体实验室
哗啦啦
哗啦啦
嘀嗒
哎哟，早知道刚刚就和何聪明一起走了！这是怎么了？
嘀嗒
哗啦啦
不管怎么洗都洗不掉啊，这可怎么办？
唰 唰
听说比赛已经开始了！
我们快去！
大惊
顿住
怎么办？我也要赶快去才行！
快点把这个问题解决掉吧！
嗒
嗒嗒
嗒
来找找看有什么办法！

或许会在这间
实验室……
用力
嗒嗒嗒嗒
3 分钟后
嗒嗒嗒嗒
这里
没有！
那里呢？
也没有啊！
嗒嗒嗒嗒
哐当
安静
练习室 E
我来看时间，
你们抓准时机哟！
机会转瞬即逝。
就是现在！
咕噜

哐当
抱歉，打扰你们做实验了！
呼呼
吓一跳
咚
哗啦啦
失败了！
顿住
拜托！这是最后一间实验室了！
忍住
嗒嗒嗒嗒

又是范小宇那小子！
我记得是这里，
明明有的！
已经失败5次了。
偏偏在最重要的时候……
没有，哪里都没有，怎么会这样……
扑通
喂，你在听吗？
看来是没在听。
我不知道你在找什么，但是现在请你出去，你妨碍到我们了。
练习实验难道比我还重要吗？真是太伤我的心了！
转
咦？

我们的要求
有这么伤人吗?
范小宇,
发生什么事了?
就是啊。
天大的事!你们
看看我的手!
啪
我的手被粘成
这样了!
粘住
粘住
竟然……
噗哈
德国队和印度队的比赛应该已经开始了,
瑞娜需要我去加油,才会表现得好啊!
这双手根本没办法拍手!
该怎么办啊?
哼!
你说什么?没有
你,我也可以做得
很好,好吗!
你是怎么变成
这样的?
呵……
呵呵……

滴了几滴胶水后，
马上就像这样粘起来了。
滴
但是不管怎么大力用水冲洗，
都无法把胶水弄下来，所以我
正在到处找胶水清除剂。
唰
唰
唰
用水当然无法清除。因为胶水作用的
原理就是胶水分子和空气中的水分子
结合后，瞬间变硬，把两个
物体粘在一起。
胶水分子
水分子
聚合
呜呜
即使不知道这个原理，
我也知道它绝对不可能轻易
被清除。
你就等吧，手指表皮的
角质层会一直增生，过几天
它自然就掉了。
皮肤的构造
表皮
真皮
皮下组织
呜呜
那要等多少天啊？
用这样的姿势吃饭、鼓掌、
读书、洗澡，甚至上厕所？
呜呜
呜呜
哗啦啦
别说了！
我的脑海里
有画面了！

我不能就这样放弃，你们继续，不要妨碍我。
挥
挥
哐当
哐当
现在是谁妨碍谁啊？
被他搞得七荤八素的，很难接着做实验吧？
这个实验就算集中精神也很难成功。
那就没办法了。
我们就先帮小宇解决问题吧！
哗啦啦
也只好这样了。
咚
小宇，你来这儿，试试把手放到温水里，会有效果的。

温水？刚刚不是说用水不行吗？
不是水，而是热量。
把手放到温水里，本来粘得牢牢的部分，就会慢慢变软。
胶在水里膨胀、变软之后，把稀释过的丙酮一点一点地涂抹上去，然后揉搓看看。
来，给你。
稀释过的丙酮？
你刚刚不是说胶水不溶于水吗？它能溶于丙酮？
啧
忍住
你那眼神……是不相信我吗？

帮你还要一一说明给你听吗？
哐当
一种物质本来就是会溶于某些液体，却不溶于另外某些液体。
哗啦啦
我展示给你看，你自己决定！
把大小和重量相同的泡沫塑料球分别放入水和丙酮里。
搓
小球在水里没有任何变化，
在丙酮里却马上溶解了！
哦哦哦
真的，泡沫塑料球正在消失！
不和不觉

泡沫塑料球并不是消失了，而是在丙酮里溶解后，变成混合物了。
溶质
溶剂
泡沫塑料球
丙酮
混合物
新的混合物就诞生了！
啊，就像糖溶于水一样吗？
点头
砂糖
糖水
水
没错！
用海水晒盐也是吗？
盐
海水
水
这个不太一样……
我的手在丙酮里溶解的话，就会变成手丙酮溶液？
丙酮
溶入了手的混合物？
手
要做出那样的混合物，大概要泡好几年啦！谁叫你把手放在丙酮里了？我只叫你把丙酮涂在手被胶水粘住的部分！
我只是问问嘛，别生气！
更重要的是，丙酮有一定毒性且易燃，易挥发，使用丙酮的时候，一定要把眼睛和鼻子保护好！
转
啪
啪
我知道啦！

实验已经准备就绪！
我们再来试试看吧！
已经好了？
小宇，你别动，
在那里继续做你的事。
别担心！
我可一点都不关心
你们的实验！
快分开吧！其他人应该都在
等我，而且我非常期待瑞娜
他们的对决啊！
碎碎念
我来计时。
嗯。
专注
专注

是把水加热后
溶解乙酸钠吗？
乙酸钠
那些……
是实验失败的
产物？
到底是什么实验，
能让那些家伙也
失败了5次？
减少一点乙酸钠的量，让它溶解，
但是一定要记住，得是过饱和状态。
嗯，只要好好注意
结晶的速度，就能
成功了！
过饱和
结晶
溶解
速度
头晕
果然是我不知道的
复杂实验。
转
思考
等一下！
过饱和状态？
好像在哪里
听过？
恍然大悟

对了！之前士元为了救困在厕所里的许大弘，做了暖宝宝！
要准备些什么？
乙酸钠、烧杯、滴管、电子秤、酒精灯、三脚架、镊子。
隔水持续加热，直到乙酸钠完全溶解为止。
我做好两份了！
就是那时候！
我们要使用乙酸钠的过饱和溶液。
过饱和？
乙酸钠已经完全溶解了，这就是过饱和状态了吗？
溶质完全溶解，并不代表就是过饱和溶液。
当一定条件下溶液还能溶解溶质时，就是不饱和溶液。在一定条件下，溶质溶解和析出达到平衡的溶液，就是饱和溶液。在这个状态下溶解更多溶质形成的溶液，那就是过饱和溶液。
不饱和溶液
还可以溶解溶质
饱和溶液
不能溶解溶质
过饱和溶液
溶解了更多溶质
拉
把饱和溶液中没有溶解的溶质过滤掉，然后冷却，就做成了过饱和溶液！

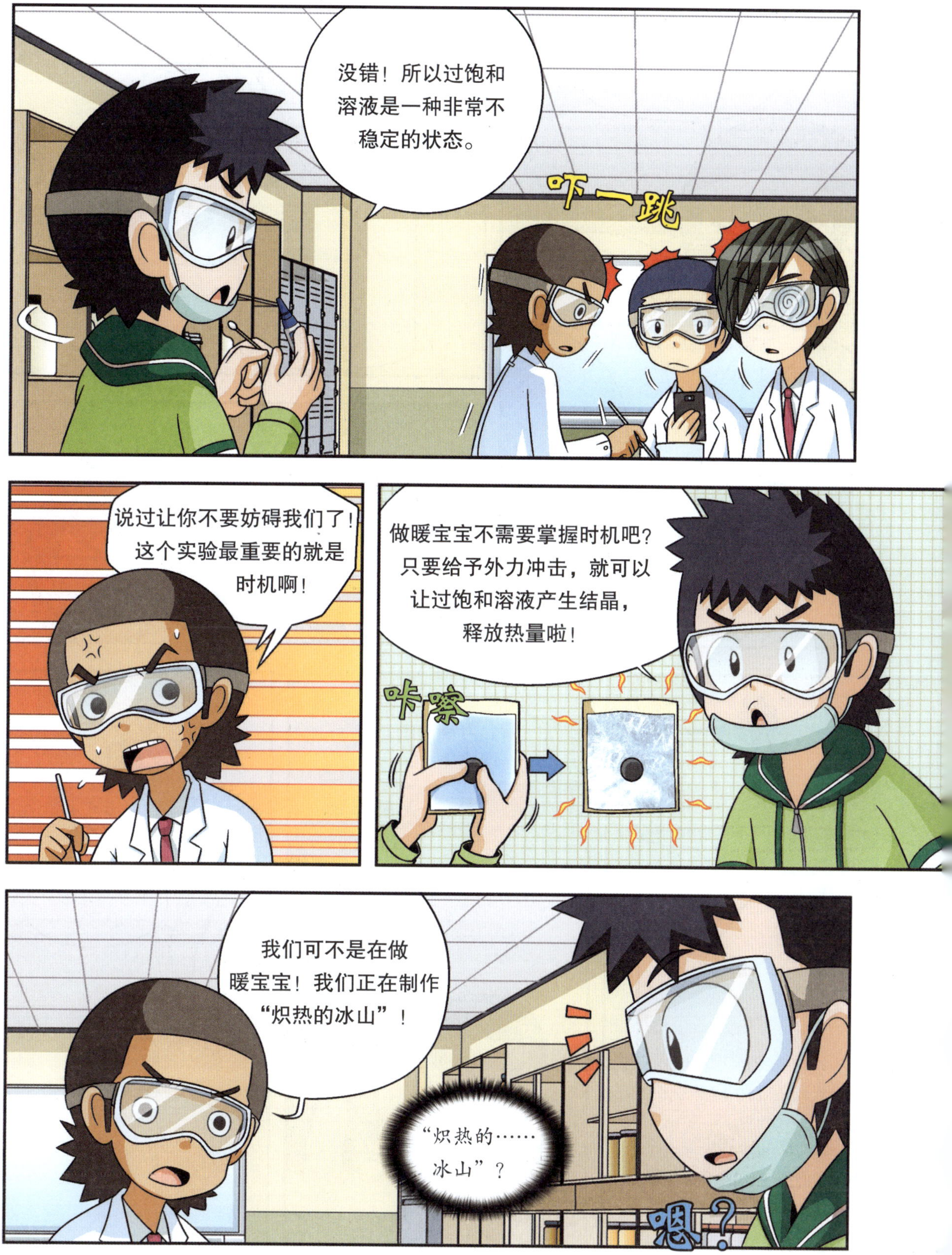
没错！所以过饱和溶液是一种非常不稳定的状态。
吓一跳
说过让你不要妨碍我们了！这个实验最重要的就是时机啊！
做暖宝宝不需要掌握时机吧？只要给予外力冲击，就可以让过饱和溶液产生结晶，释放热量啦！
咔嚓
我们可不是在做暖宝宝！我们正在制作“炽热的冰山”！
“炽热的……冰山”？
嗯？

该开始了。
嗯！
点头
丁零
专注
产生结晶了！
咕噜
转一转
刷啦啦
哇，好漂亮的
暖宝宝！
啪
你真是太让人
分心了……

我把实验原理讲给你听，你听好了。
拿起
呼
乙酸钠具有易溶于水的性质，加热溶剂之后，溶解度就会变高。利用这个原理，让大量的乙酸钠溶解在少量的水中，就会形成过饱和状态。
这我知道，暖宝宝也是这样的。
是的，过饱和状态的溶液非常不稳定，只要搅拌或加入一点溶质，就会马上发生改变，产生结晶。
唰啦
没错！暖宝宝就是利用结晶时产生的热量制作的。
热乎乎
唰啦
唰啦
早告诉你不是暖宝宝了！我们的实验不只是要得到热量，还要通过调整结晶的速度和方向，制作出特定的结晶形状！
啊！

所以才叫作炽热的冰山啊……
就像我刚才说的，过饱和溶液非常不稳定，就算是受到一点冲击，也会马上定型的，所以要做出想要的形状需要完全集中精神。
唉
再做一次吧，这里是乙酸钠。
这次我来计时。
啪
刚刚因为你，第六次实验也失败了。
你说那是失败品吗？
转
你还听不懂吗？啊……？
冰山诞生了！

我们的实验
成功了吗？
哇啊
怎么可能！
多亏了小宇，
我们抓到时机了！
哇，真的好美啊！
虽然样子像冰山，
但是好烫！
真是“炽热的
冰山”啊！
烫烫烫
但是为什么这时候要做
这么困难的实验？不去
看比赛吗？
那个……
现在我们队就像
稳定的饱和溶液
一样。
转
溶质的量再增加
的话，就可能变成
不稳定的状态，
非常危险。
但要是能制作
出这样美丽的
晶体的话……

经过重重困难而成就的美丽，有冒险的价值！
看了这个实验，还需要我们告诉你实验的意义吗？
实验的意义？
我已经知道了！普通暖宝宝的时代已经过去了！美丽暖宝宝的时代要来了！
搓搓
胡说八道什么啊！
和我合伙怎么样？销售就交给我吧！
猛抓

你看你的手，我说的对吧？
啊，真的！我的手自由了！
恭喜你，但是小宇，你不去看比赛吗？
不是说其他人都在等你吗？
啊啊
我竟然忘了决赛！
我先走了，我会把对决结果告诉你们的，放心吧！
你们就继续做“炽热的冰山”吧！
嗖
那小子真是令人头疼。
呼
呼
论大大咧咧，他大概能名列前茅吧！
范小宇就是这样有点奇怪、有点特别的人呀！

可溶物与不溶物

实验报告	
实验主题	通过几种物质的溶解实验，认识可溶物与不溶物。
准备物品	❶ 水 ❷ 碳酸钙 ❸ 萘丸 ❹ 砂糖 ❺ 丙酮 ❻ 6 个有盖的玻璃瓶 ❼ 药匙 ❽ 标签纸 ❾ 签字笔 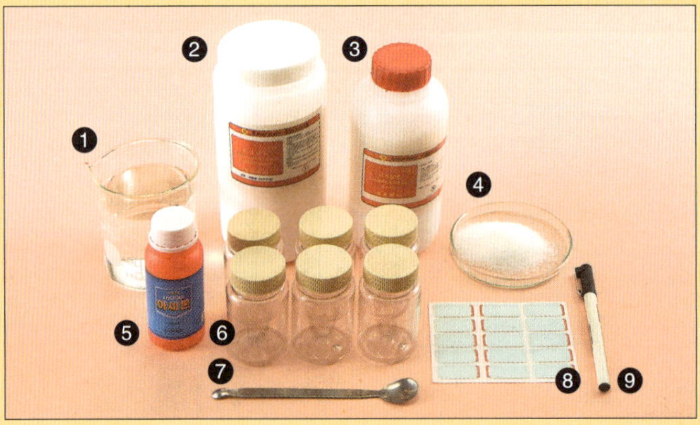
实验原理	同一溶质是可溶物还是不溶物，根据溶剂的种类不同，结果也会有所不同。
注意事项	❶ 为了不让试剂混在一起，我们要先在玻璃瓶上标记试剂的名字。 ❷ 一定要戴好口罩、护目镜、实验用手套，不要闻到丙酮和萘丸的味道。 ❸ 实验结束后，试剂要集中放到废弃物回收桶。

实验步骤 1

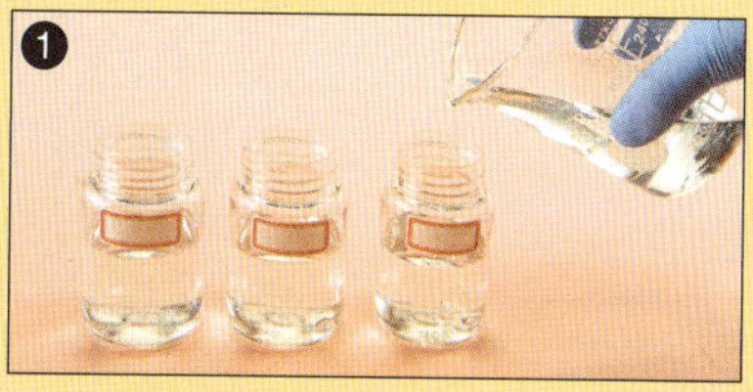

❶ 在3个有盖的玻璃瓶里放入同样多的水。

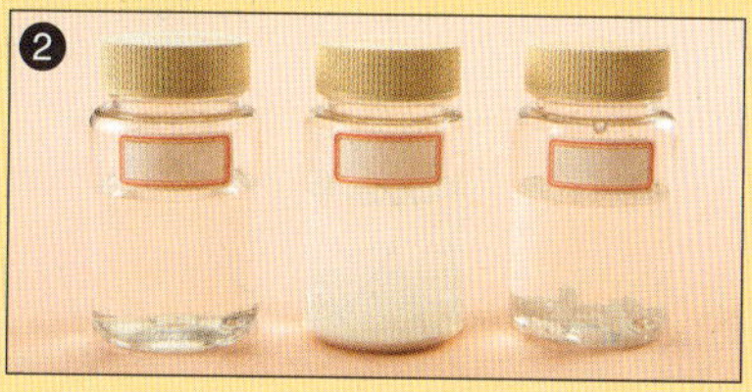

❷ 再分别放入等量的砂糖、碳酸钙与萘丸。把瓶盖盖上后，振荡玻璃瓶，观察溶液的变化。

实验步骤 2

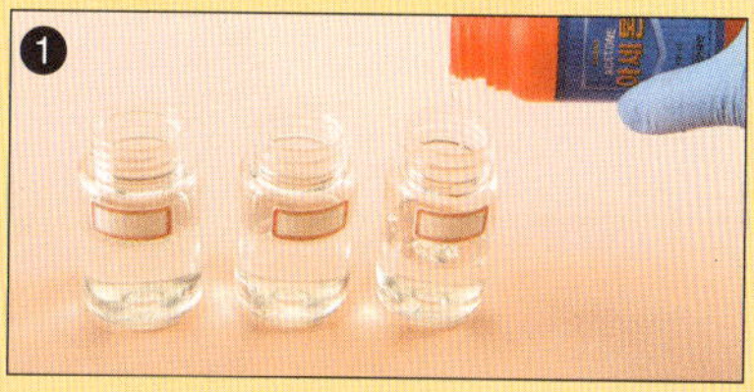

❶ 在另外3个有盖的玻璃瓶里放入同样多的丙酮。

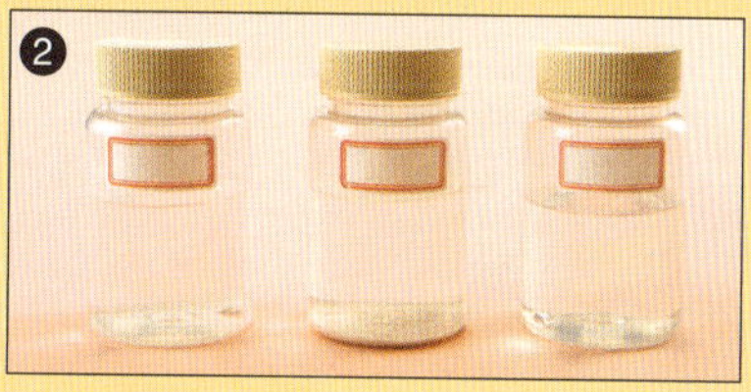

❷ 再分别放入等量的砂糖、碳酸钙与萘丸。把瓶盖盖上后，振荡玻璃瓶，观察溶液的变化。

实验结果

	砂糖	碳酸钙	萘丸
水	透明且易溶解	几乎不溶解且有沉淀	不溶解且有沉淀
丙酮	不溶解且有沉淀	不溶解且有沉淀	溶解且溶液透明

这是什么原理呢?

砂糖能溶于水，但是不溶于丙酮；碳酸钙几乎不溶于水，也不溶于丙酮；萘丸溶于丙酮，但是不溶于水。砂糖溶于水时，就是可溶的溶质，这时候水是溶剂，糖水则是溶液；而砂糖进入丙酮后，就是不溶物。由此可知，根据溶剂的不同，溶质可分成可溶物与不溶物。

第二部 新成员登场

国际奥林匹克实验比赛园区站到了！
同学，你刚刚是说要在这里下车吗？
啊，已经到了啊！
猛地
站起
是的！我要下车。
谢谢您，多亏您，我才没有迟到！
鞠躬
嗯，下次一定要注意是否到站了哟！
再见。
唰唰唰

终于来到奥林匹克比赛园区了！
好厉害啊！我还是第一次在这么大的地方观看比赛呢，国际大赛就是不一样！
建筑物好高，
还有山坡和绿地，竟然还有池塘呢！
嗯……但是……要往哪个方向走呢？
地方也太大了吧，找个路也不容易啊！
不管往哪边，走走看就知道了嘛！那就先……
迈步

比赛场地 500 米
啊，这个指示牌……
20 分钟前
只要再走 500 米就行了！
比赛场地 500 米
15 分钟前
比赛场地 500 米
哦，走反了吗？
10 分钟前
比赛场地 500 米
又是这里？
已经重复走了3 次以上啊！
呼
呼
咚
比赛场地 500 米
20 分钟都在同样的地方打转。
这样下去搞不好我的梦想会变成泡影，打起精神来啊！
比赛场地 500 米
比赛场地往这个方向500米！跟着走就对了！
指
这次一定会找到的！
啪

啪
停住
你为什么拉我？
难道不是这条路吗？
转
你在说什么啊？
明明是你抓着我的啊！
转
嗯，我吗？
晕头转向
啪
啊！我包包的扣
钩住你的衣服了！

真是越忙越乱……
用力拉试试吧。
抓紧
等一下！
这样用力拉，衣服搞不好会坏掉的，我试着解解看。
你先把那件衣服脱下来。
比起脱衣服，你把包包放下来更容易吧……
对呀……
哈哈哈
我怎么没想到啊？真是的！
甩甩
比想象中钩得更紧呢！不过别担心！没有我解决不了的事，相信我吧！
我好像在哪里听过这些话？

抠
抠
单膝跪下
喂，
江士元！
嗖
剎车
抠抠
你在这里做什么？
比赛已经开始了，
你不知道吗？
我是为了找你才出来的！
只有你知道我们坐在哪里。
啊，心怡和聪明已经占好
位置了啊……
抓紧
啪
总之，快走吧，相信我
范小宇的跑步实力，
跟着我来吧！
啊

嗒
嗒嗒
嗒
哇啊啊
啊！好像才开始。
加油！
好险！没有迟到，太好了。
哇啊啊
小宇，这里。
在那边，快走吧！
我知道。
停顿
嗯？

呼 呼
累死我了！虽然托你们的福来到了比赛现场，但是……
呼 呼
你一直被钩着跑吗？
呼
她是谁？为什么死缠烂打跟着你？
嘀咕 嘀咕
忍住
又不是我把她带来的！是你硬拉来的！
就快要解开了，稍等一下啊！
哇啊啊
……
……
真的快要好了……
……
士元旁边的人是谁啊？第一次看到呢。
不知道啊，是江士元带她来的，我觉得可能是粉丝。
她不是我带来的！

哦哦
这次比赛的主题是溶解与溶液?
溶解与溶液
嗯，这次比赛应该很有趣。
和未来小学的实验主题很像啊。
德国队还在讨论呢!
嗯，果然很慎重!非常好!
点头
印度队马上就决定好实验方向，并把实验器材都拿来了，看来相当自信呢!
那么，德国队也该快点开始才行啊!

盐水
印度队的实验开始了！
咚
蒸馏水
0.9%盐水
20%盐水
咚
那些液体好像是主要试剂，
如果是三种浓度都不相同的液体的话……
哇！这些人果然……
果然印度队也是强队，在短时间内已经准备好符合主题的实验了。

你们也是实验社的成员，对吧？
只看实验用品就知道是什么实验了吗？
那是当然了，我们只要看实验用品，直觉就——
呼
这可不是直觉，而是搜集资料后进行分析的结果。
即使是同样重量的溶液，溶剂和溶质的量不同，浓度也会有所不同。
盐（溶质）
水（溶剂）
盐水（溶液）
浓度是溶液的一个重要特征，所以我才觉得是符合主题的实验。
这是什么意思？
他是说，看实验用品，就知道是用来做“溶解与溶液”主题中最重要的溶液浓度实验，明白了吗？
嗯嗯，现在好像明白了。
……
点头
点头
等一下，印度队还有别的准备材料！

滴
那是……
啊
用采血针把手刺破，让血滴下去！
需要血液的浓度实验，难道是……
已经够了，快止血吧！
嗯。
准备完毕，马上开始实验吧！
整齐
咕噜
浓度不同的溶液和血液？

吸
蒸馏水
吸
0.9% 盐水
吸
20% 盐水
滴
滴
滴
滴
滴
滴
这是比较浓度各不相同的血液的实验？
他正在往血液里分别滴入浓度不同的溶液。
也就是说实验的三个结果全部都不同了？
那是利用红细胞的渗透压进行的实验。
渗透压？
啊！原来是打算用浓度不同的三种溶液来观察红细胞！

顺便说一下，两种浓度不同的溶液，浓度低的溶液的溶剂往浓度高的溶液移动，这样的现象就叫作渗透现象。
渗透现象
降低
升高
移动
水
糖水
半透膜
哇，既了解实验，又解释得好好！
凝视
嗯？不过……
渗透实验里不是需要膜吗？
要把溶剂能够通过的半透膜放在中间，才可以进行实验，但是印度队的实验用品里没看到膜啊？
也有肉眼看不到的膜呀，比如细胞膜。组成我们身体的所有细胞都有细胞膜，细胞膜将细胞内外环境分开，可以调节细胞内的电解质浓度，维持细胞的功能。
细胞膜
细胞
细胞膜？那么，血液里的细胞也有细胞膜了？
各位，看画面！是红细胞！
嗖

蒸馏水
0.9%盐水
20%盐水
啪
是显微镜的
观察结果。
哇啊啊
那是红细胞吗？
蒸馏水
0.9%盐水
啪
呼呼

啪
20%盐水
因为0.9%的盐水几乎和
我们身体的血浆渗透压一样，
所以红细胞没有发生变化。
0.9%盐水
而20%的盐水，比体液的浓度
高，因此细胞里的水分往细胞
膜外移动，细胞就变成皱巴巴
的模样了。
20%盐水
哇啊啊
咕噜
但是加入蒸馏水的
画面为什么没有细胞？
难道实验失败了？

盐的浓度为 0%的蒸馏水肯定是往浓度更高的红细胞里移动了，但是如果红细胞像气球一样持续膨胀的话……
蒸馏水
蒸馏水和红细胞
水分子往红细胞里移动
膨胀的红细胞
砰！
爆炸的红细胞
啊啊啊啊
呃……
气球？这样的话，难道……
红细胞都爆开了吗？因为渗透现象吗？
没错。
我们身体的细胞对外面溶液的浓度反应很敏感，因为它们需要在渗透压稳定的环境中生存。人体会利用渗透现象维持体液平衡，体液浓度发生超出范围的变化，就有可能会危及生命。
植物
植物的根利用渗透现象吸收土壤里的水分。
淡水鱼
皱缩
淡水鱼如果进入海里，海水会导致它们体内盐的浓度过高，影响水分平衡和生理代谢，最终导致死亡。

江士元！你怎么能眼都不眨就说出这么恐怖的话呢？吓到她了！
呆住
这是第一次……
闪
闪
嗯？什么意思？
能亲眼看到这样了不起的实验对决，就像在未知的丛林里探险一样！
不管是比赛中表现优异的实验社，还是对科学原理十分了解的各位，全都是了不起的探险家啊！
原来国际大赛是这样啊！

这不是多么了不起的事，只要真心喜欢实验并付出努力的话，任何人都可以办到。
任何人？
就像赛场上的选手和你们，还有我？
点头
是啊，任何人。
不是，不可以！
摇头
摇头
嗯？不可以吗？
我的血绝对不可以！一滴都不给！
哈哈。
如果要做这种实验的话，一定要用江士元你的血！知道吗？

为什么不回答？事实上你也害怕，对吧？
这里有空位！
嗯？
那不是范小宇吗？
偏偏在那小子附近——
看来没办法集中精力看比赛了。
哎呀
……
印度队的实验好像就要结束了！看起来很顺利。

这是比较不同浓度的溶液中的渗透现象的实验。看来实验成功了。
蒸馏水
0.9%盐水
20%盐水
实验结果的展示非常清晰，他们使用了显微镜，我们也该学一学。没有从开始看，真是有点可惜呢！
还好可以从头开始看德国队的实验。
专注
真应该先来看比赛。

那个……我已经决定了。遵守时间的约定，和实力一样重要。
那个人迟到了这么久，不会是出什么事了吧？
要是她没有一个像样的理由，只是浪费我们的时间的话……
熊熊烈火
绝对不能接受她进未来小学实验社！
可恶啊
德国队终于也要开始了。
德国队的实验是什么呢？真期待啊！
太投入了吧？

实验　胡萝卜的渗透现象

腌制泡菜时，有一个步骤是把整棵白菜切半后泡在盐水里。腌渍6个小时左右，白菜的水分就会排出一些，变成较蔫软的模样，这是因为水分从白菜的细胞里向外面的盐水渗透了。现在我们利用胡萝卜做一个类似的实验，学习因液体的浓度不同而产生的渗透现象及其原理吧。

准备物品： 胡萝卜、砂糖、透明的容器、透明的杯子、汤匙、签字笔

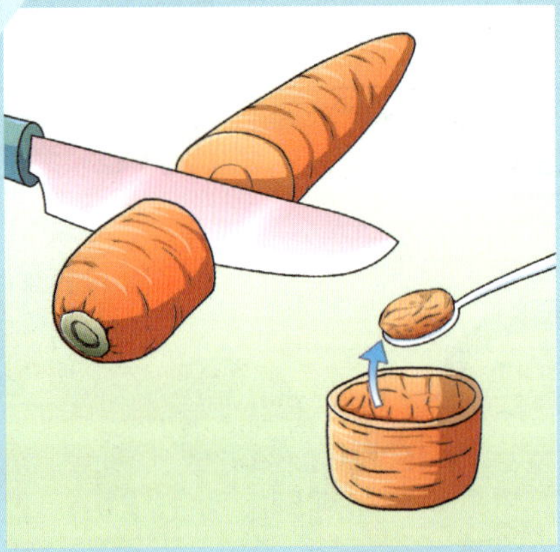

❶ 把胡萝卜切开，取前段，用汤匙往下挖，挖成一个杯子的形状。

❷ 把水和砂糖以 1:1 的比例混合成糖水，在杯子上标记高度，注入胡萝卜杯，深度在三分之二左右。

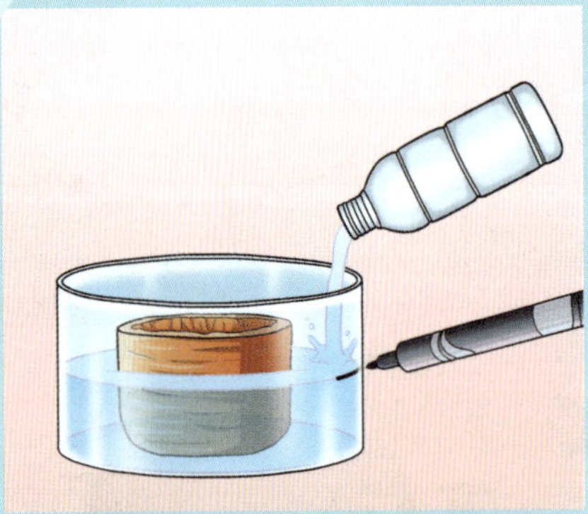

❸ 把胡萝卜杯放入透明容器中，并倒入大概半容器的水，标记水的高度。

❹ 为了不让水分蒸发，在透明容器上面覆上保鲜膜，放置一天。

❺ 确认胡萝卜杯内的糖水量和透明容器内的水量的变化。

这是什么原理呢?

一天后，我们观察实验结果可以得知，胡萝卜杯内的糖水高度上升了，而透明容器内水的高度则变低了。这是因为在相同的外界压强下，两种浓度不同的溶液之间有半透膜时，浓度低的溶液的溶剂会往浓度高的溶液移动，从而发生溶剂移动的渗透现象。胡萝卜的细胞具有细胞膜，细胞膜是一种半透膜，特征是能让小分子通过，阻碍大分子通过。也就是说，溶剂的水分子比较小，可以自由地通过细胞膜，但是像砂糖这样的溶质分子比较大，无法通过细胞膜。因此，胡萝卜杯里的蔗糖分子仍旧存在于糖水中，而透明容器里的水分子却能通过胡萝卜杯的细胞膜，往胡萝卜杯内的高浓度溶液移动，造成胡萝卜杯内水量变多。

糖水的渗透现象

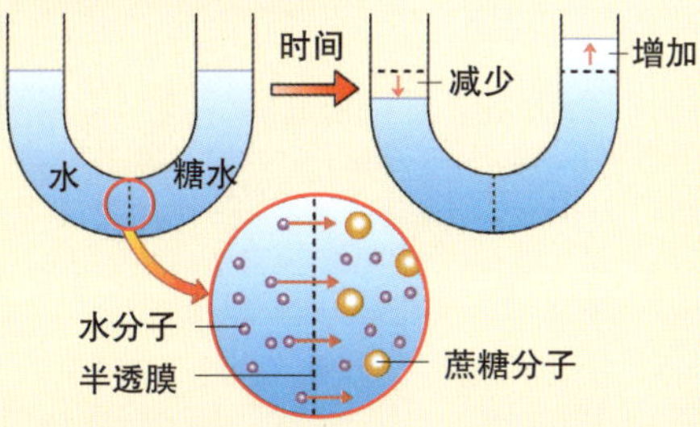

低浓度溶液的溶剂会透过半透膜，往高浓度的溶液移动。

白菜中的渗透现象

把白菜浸泡在盐水里，白菜里的水会往盐水移动；如果浸泡在清水里，则清水会往白菜里移动。

第三部

气体的力量

氨水

只要有一点缝隙，
气体就会跑出去，很容易失败。
因此，在开始前，我们再仔细
地检查一次吧！

这里准备好了！
紧
这里也没有问题！
转动
全部正常！
嗖

注[1]：碎玻璃片在分离气体的实验里能达到多次冲洗气体的效果，可以用于分离易溶于水的气体。

这时，不溶于水的气体就会通过连接管排出，溶于水的气体则和水相遇并溶解。
转动
溶入气体的溶液就产生了。
实验里使用的各种气体中，最易溶于水的气体就是……
氨气！

氨水是无色透明的溶液，用肉眼很难分辨它与水……
所以可以先通过味道确认。
挥
挥
好臭
好臭
氨水最大的特征就是有刺鼻的味道！
再来确认一次吧！因为氨水是碱性物质，
滴
氨水
滴
滴
所以滴入酚酞溶液后会变成红色。
酚酞溶液
滴

变色
哇啊啊
真的是氨水！他们从气体混合物里，分离了氨气！
哇啊啊
变红了！德国队的实验也成功了！
啪
啪
啪
啪
利用氨气易溶于水的特性！
虽然看过很多分离固体混合物的实验，分离肉眼看不到的气体混合物的实验却是第一次看到！
只要了解混合物里各种物质的特性，就都可以分离出来吧。
是啊，利用溶质和溶剂的特性，就可以做出各种溶解实验哟！
嗯？
哦？
砂糖虽易溶于水，但不溶于丙酮，而萘丸虽不溶于水，但却易溶于丙酮。只要了解原理，分离混合物可不难呢！

看来你也很了解实验嘛！
啊，谢谢。
很好，我已经完全明白了。
嗯哼
如果说印度队的实验是在同样的溶剂里溶入不同量的溶质，利用溶液浓度的差异来做渗透实验的话，
浓度 0%
浓度 0.9%
浓度 20%
同样的溶剂，溶入的溶质量越多，则溶液浓度越高
那德国队的实验就是，根据物质的性质，分离出能溶解的溶质，制造出新的溶液！
水
气体混合物
氮气、氧气等
氨水
水
丙酮
砂糖
可溶
不可溶
萘丸
不可溶
可溶

……
今天的实验不仅学了溶质与溶剂，连溶解与溶液都学完了！
你真的很厉害！
范小宇那小子，现在才学会这些吗？
为什么范小宇旁边的人也跟他很像？
哦？结果好像出来了。
现在宣布印度队和德国队的第一次实验比赛结果。

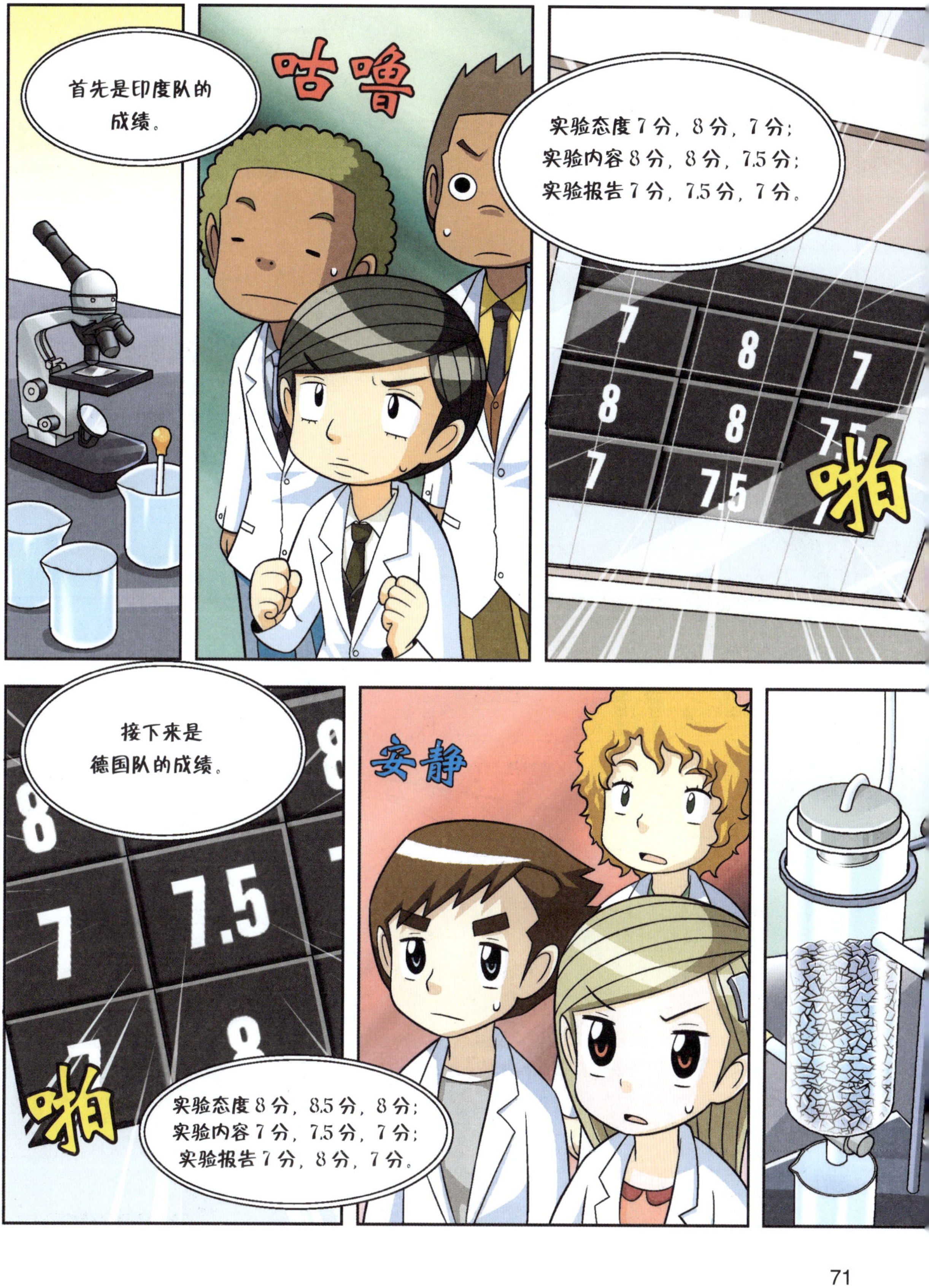
首先是印度队的成绩。
咕噜
实验态度7分，8分，7分；
实验内容8分，8分，7.5分；
实验报告7分，7.5分，7分。
啪
接下来是德国队的成绩。
啪
实验态度8分，8.5分，8分；
实验内容7分，7.5分，7分；
实验报告7分，8分，7分。
安静

67
印度队总计 67 分，
德国队总计 68 分。
68
哇啊啊
不可能啊，我们实验内容的分数还更高呢！
哇啊啊
哇，瑞娜他们赢了！
我们领先一分！
哇啊啊
竟然只有一分之差，两队实力真是不相上下啊！
这样一来，第二次比赛就更有趣了。
那么，现在公布第二次实验的任务。
咔啦啦

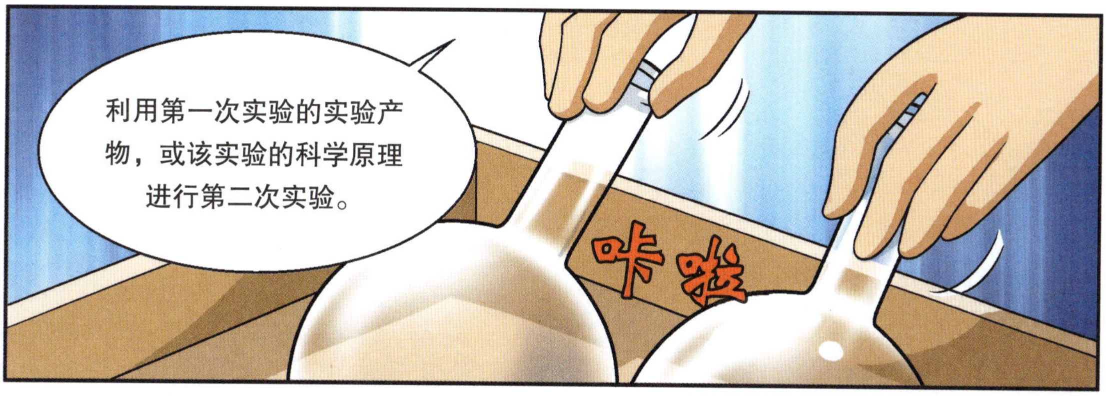
利用第一次实验的实验产物，或该实验的科学原理进行第二次实验。
咔啦

往圆底烧瓶里装更多液体的队获胜，实验时间是 10 分钟！

每 10 毫升得 1 分，最多装满 100 毫升，总计 10 分。
如果脱离第一次实验，则不予计分，请你们多加注意。
伸

利用第一次的实验，往烧瓶里装入液体吗？
闹哄哄
装的速度很重要。
那么，印度队应该会利用溶液的浓度差异，那德国队呢？
吵闹
闹哄哄
液体吗？

要怎样才能装满液体呢？
这个……
……
用我们的实验用品把烧瓶装满液体，根本不可能！
没错，我们的实验结果是氨水，即使运用实验原理，也……
哼……
利用“气体的溶解”原理来找出装满液体的方法，可不简单！
但是，如果是印度队的实验原理的话……

呼
利用渗透现象把这个烧瓶装满液体，简直轻而易举！
因为渗透是液体移动的现象！
肯定可以逆转我们现在的局势！
点头
因为渗透现象就是浓度低的溶液的溶剂往浓度高的溶液移动。
半透膜
浓度 0%
浓度 2%
利用这个原理，只要把一边的浓度变高，就能轻易地装满水了！
只差一分！我们只要多装10毫升就能胜出了！
嗯！比赛任务对我们很有利。

马上开始吧！浓度差距越大，水分子也会移动得越多，我们只有 10 分钟，一定要在 10 分钟内让最多的水移动！
哗哗
比起盐，用溶解度更高的砂糖来做会更好。首先，把高浓度糖水做出来。
搅搅
砂糖
糖水
哗啦
哗啦
把水倒进漏斗里，
然后用胶棉半透膜把入口封住。
沙沙
紧
把圆底烧杯的入口封住后，
接上装满糖水的漏斗，

实验就准备好了！
现在烧杯里浓度低的水，就会通过半透膜往浓度高的糖水里移动了。
他们要利用渗透现象往烧瓶里移动液体吧！
软滑
很好！
水开始往上升了！

08:40
成功了！
07:52
啊……
算成功吗？
速度实在太慢了！
再这样下去装不满100毫升啊！
继续加油啊！
好烦！只能这么等着吗？
滴答
怎么办？渗透力虽强，但是速度很慢啊！
滴答
所以植物用根吸收水分的速度也很慢吧！
滴答
吓
等一下！植物的根？

是啊，我们也来向植物的根学习吧！
转
因为规则没说只能用一个实验装置啊。
什么？
啪
啪
啪
啊哈，原来他是要利用植物的根系延伸众多分枝，提高吸水效率的原理！
植物的根
如果我们做出很多个渗透装置，并让它们一起工作的话！
那样可行吗？
当然啦，我再多取些实验用品来。
啪啪
很好！我们快准备更多糖水吧！
我来做烧瓶的塞子。

哇啊啊
印度队烧瓶里的水上升速度变快了。
丁零
哦？等一下！
哇
哇啊
发生什么事了？
他们连接了三个渗透装置！
呼——
啪
是为了加快速度。
这样一来，就能在规定的时间内装入更多的水了。
呼——

能解决问题真是太好了，差点就出大事了。
呼
好像能够翻盘！虽然我们现在只能等待，但是那边……
轰隆隆
到现在实验都还没开始……
什么想法都没有！想不出移动液体的方法啊！
轰隆隆
时间一直在流逝。装我们带来的水不可以吗？
不能乱了方寸，没有达到实验任务要求的话是没用的。
轰隆隆

淅淅沥沥
马克斯，
你有想法吗？
抬头
啊……
我想了一下，
可以利用气体的
溶解获得让水
移动的力量。
你是说，气体的溶解
也能产生力量吗？
火冒三丈
嗯！瑞娜，
你说的对！
确实是力量！
嗯？
想想看，如果把 50 克溶质砂糖溶解于
100 克的溶剂水中，砂糖溶液的重量
就会变成 150 克，不是吗？
那是当然的！
因为即使砂糖溶于水，
也并没有消失。
水 100 克
砂糖 50 克
糖水
150 克

但是体积不同，如果砂糖溶于水，溶液的体积会比砂糖和水加起来的体积小。
减少的体积
溶质的体积
溶剂的体积
溶液的体积
没错，两种物质混合在一起时，小分子会填补大分子中间的空间。
我们就是要利用这个体积的改变！虽然固体溶入液体后的溶液，和两者总体积相比改变不大，但要是气体溶入液体呢？
那就会形成力量了！
比起固体和液体，气体分子间的距离更大，因此会占据更多空间。
体积成倍增加
液体
气体
气体溶解在水里后，体积会比原来的体积小很多。
气体的溶解
而未溶解的气体的气压，就会减小了！
压力减小

恍然大悟
因为内部的气体压力变小，但是外部的大气压力不变，因此就产生了移动液体的力量。
低压
常压
利用气体的溶解就可以让水移动。
这里……
氨水
拿起
难道是……氨气溶于水的喷泉实验？
没错！就是那个实验！
我们可以利用这种溶液形成时的气压变化，不是吗？
为什么刚才没想到呢？

剩下6分钟！时间应该够了。
要是能在3分钟内把所有装置组装好的话，
要多少都可以！好的开始是成功的一半！
所以……
时间真的够吗？欢呼的同时，时间已经溜走了。
燃烧
没有傻笑的时间了，赶快动起来！
噼里啪啦
特别是马克斯！你最慢了！
噼啪
别用走的，用跑的！
快点！
噼啪
好热！
知道啦！现在就去！
瑞娜好可怕啊！

生活中的溶液

我们在生活中，能接触到各种各样的溶液。一般所说的溶液，都是以液体形式存在。但从广义上来说，溶液是两种或两种以上不同的物质均匀混合并形成的均匀稳定的分散体系，也包含固体和气体的形式，比如糖水、空气、碳酸饮料、合金等都是溶液。了解溶液的定义之后，一起来认识溶液，分辨哪些东西属于溶液吧！

溶液的特征

溶液中的溶质和溶剂均匀分散，不管哪一个部分，物质的混合程度都是一样的。

一定气压、一定温度时，液态的溶液处于稳定的状态，即使将溶液静置一会儿，也不会产生沉淀，用过滤装置过滤，滤纸上也不会留下东西。

©Chones

碳酸饮料 是水和砂糖、果葡糖浆、食用香精、二氧化碳等，均匀混合成的溶液

不是溶液的东西

味噌汤、热巧克力、泥巴水，它们只要静置一段时间就会产生沉淀，用过滤装置过滤时会把某些物质滤出，所以不是溶液。味噌汤和泥巴水不同的部分浓度会有差异，这种固体小颗粒分散到液体中形成的混合物，称为悬浊液。

©stockcreations

溶液的类型

在溶液中，任何液体、气体或固体，都是可以彼此混合的物质。也就是说，溶液和自身的状态与量无关，只要是两种或两种以上的物质均匀混合的混合物，就叫作溶液。根据溶液具体状态的不同，溶液可以分为液态溶液、气态溶液、固态溶液。

液态溶液

©Billion Photos

香水 把香精等溶入乙醇内制成

醋、香水、酒精，以及生理盐水等都是液态溶液。那要怎么区分溶质和溶剂呢？溶液中量较少的一般是溶质，溶解其他物质的物质一般是溶剂。在液体与液体混合的溶液中，量较少的液体就是溶质，量较多的液体就是溶剂。举例来说，生理盐水是氯化钠的溶液，而糖水是砂糖的溶液。

气态溶液

一定气压、一定温度下，两种或两种以上气体以不同比例均匀混合的物质就叫气态溶液。最具代表性的就是混合了氮气、氧气、二氧化碳等各种气体的空气。

固态溶液

©Dream79

18K金戒指 是纯金与其他金属均匀混合而成的固态溶液

固态溶液指在一定温度和压力下，一种或多种固体或气体在一定组成范围内均匀稳定地分散在另一种固体中所形成的混合物。典型的固体溶于固体的溶液有合金，也就是固体和固体在高温下熔化并均匀混合后冷却形成的混合物。例如，不锈钢是铁和碳均匀混合而成的溶液，而黄铜则是铜和锌均匀混合而成的溶液。

第四部

不分胜负的对决

慢步 慢步
印度队和德国队决赛的第二场比赛应该已经结束了吧？真想知道哪一队赢了。
不去现场看没关系吗？
说不定哪一队就是我们以后的对手，不是吗？
我觉得没必要研究每一队，应该是别人来分析我们才对。
呼
因为我们是夺冠热门队伍啊！
是吗？
也对……
对，我们有夺冠的实力！

江临说得没错，
听说美国 A 队也没去比赛
现场，而在全体练习室呢！
哦
美国A队在全体
练习室？你怎么现在
才说！我们快走！
发生什么事了？
你们有约吗？
还问什么事！当然是去
观察美国A队的练习，
然后分析他们的
实力啊！
嗒嗒嗒嗒嗒
呼呼
等一下，他们现在
不在练习室。
什么？！
你怎么知道？
因为他们
现在在那里！
嗯？
指

这样还不够。
水花
哗啦
点头
这里实在太浅了，好像几乎没有差别，我们需要不同深度的水来做实验。
湖心会更深……
要怎么靠近那里啊？
啊！
那里有一个被拴住的木筏……
你划得动木筏吗？
我觉得我可以。你看过《汤姆·索亚历险记》吗？那可是我最爱的一本书啊！
握拳
呼

那么你要来试试吗？
哈哈
哈哈哈
那个……
也不是不行啦！
热烈讨论
我也想学
汤姆那样
冒险啊！
你别
开玩笑了。
嗯？
破浪
喂，
同学们！
江临！
你们在这里
做什么？我正好
要划船去湖心
呢……
哈哈哈
呼呼
砰
哎呀，
真尴尬！
真是拦不
住他啊！

江临！
你知道怎么划木筏吗？
太好了！我们正好
也想搭那个木筏呢！
我们想做不同深度湖水的污染
程度实验，但是湖边不同深度
几乎没有差别。
哈哈哈，
我就知道
是这样。
哦，那个实验很有趣吗？
我来帮你们吧！
嗯？你是想和我们
一起做实验吗？
……
跳跃
晃动
呼
好啊，非常欢迎！
嘻嘻
来！先穿上
救生衣再出发吧！

很好！可以近距离打探这些人的实力！
啪
啪
哗啦啦
到这里可以了吧？
呼呼
可以再往前划一点吗？这里的水深度不够。
嗯
当然！不管多远都可以！
啪
呼呼
这里……可以了吗？
嗯，抱歉，再往前一点……
好吧，没有问题！
只要能帮助我们队胜利的话，就算到地球尽头也可以。
斗志高昂
哗啦啦
他是不是入戏太深了啊？

实验说明：氨水味道刺鼻，易挥发，做实验时需通风，戴好口罩、护目镜、实验用手套。

04:25
瑞娜，这个实验应该没问题吧？氨水的味道刺鼻，必须把窗户全部打开才行……
你别担心，排风扇已经打开了。
翁 翁 翁
04:02
烧瓶塞子准备好了！
好了，现在只要插入滴管就可以了！
03:52
翁 翁 翁 翁
很好！气体也收集好了。
滴
酚酞

我也准备好了，这里是混合了酚酞溶液的水。
全都准备完毕！
点头
德国队正在加热的液体，不正是第一次实验时做出来的氨水吗？
氨气
氨水
原来是要在烧瓶里收集氨气啊！
呵呵
没错，加热氨水的话，会产生氨气和水蒸气。
这样一来，气体聚集后——
咕嘟
咕嘟
等一下！加热氨水的话，水不是能溶解更多的氨气吗？

又是范小宇，他到底在说什么啊？
忍着点，那小子这样也不是一天两天了。
啊，你是想说，就像水温越高，砂糖溶解的量就越多一样，对吧？
没错，就是这样！
20℃的水
80℃的水
那个人又在说什么啊？越说越离谱。
就是啊！
呵……
大部分的液体和固体溶质，当溶剂温度越高，溶解度就越大。
但是气体不同，温度越高，溶解度反而越小。
哎呀呀
嗯哼
我好像曾经听过：温度越高，分子运动就会越活跃，气体越容易从溶液里逸散。
好像听过？那可是很基础的知识啊！
没错！所以碳酸饮料要喝冰的才会更爽快，不是吗？
就是就是！因为温度低的时候，水里的二氧化碳才不容易跑掉！

比赛结束后，我们去喝杯冰凉的饮料好吗？
好啊！刚好我也想喝冰凉的饮料呢！
嘻嘻
哈哈
天哪
只有这个结论吗？不愧是范小宇。
那个女生是观众，也就算了。
作为征战决赛的一员，范小宇太夸张了吧？
即使如此，范小宇还是拥有我们没有的优点。
虽然荒唐，但是有创意；虽然鲁莽，但是有时候也很让人羡慕他那冒险的精神。
羡慕？你的意思是希望他加入我们队？
睁眼
我可不是这个意思！我们队需要的是思维冷静、训练有素的科学人才。
在远，你说来说去，还是嫌弃小宇那样的人啊？
做朋友还是不错的啦！
你们真犀利啊！
哦？那边的小子们，你们是不是误会了？

实验要求要在烧瓶里收集液体，但是到现在也只有气体……
江瑞娜！你在做什么？快没时间了。
应该要收集液体！不是气体！
别喊了，反正也听不到。
忍住
我都听到啦！今天的观众特别吵！
可以了！现在只要把集满氨气的烧瓶入口，
02:25
用已插入玻璃管和滴管的塞子塞住，
紧
02:12
在烧瓶下方放好滴加了酚酞溶液的水，把玻璃管浸入……
推
搅拌

都做完了吧？
好，那么……
哇，印度队的
实验结束了。
引人注目
哇啊啊
终于超过
100毫升了！
哇啊啊啊
太好了，
成功了！
我们利用了渗透现象
的原理，
应该没
问题吧？
搞不好会拿到
满分呢！
对手到现在
一滴液体都还没装
到呢！时间只剩下
一分钟了！
咚咚
01:20
就算现在马上
开始实验，也没
有足够的时间装
到100毫升。
咚
01:07
咚

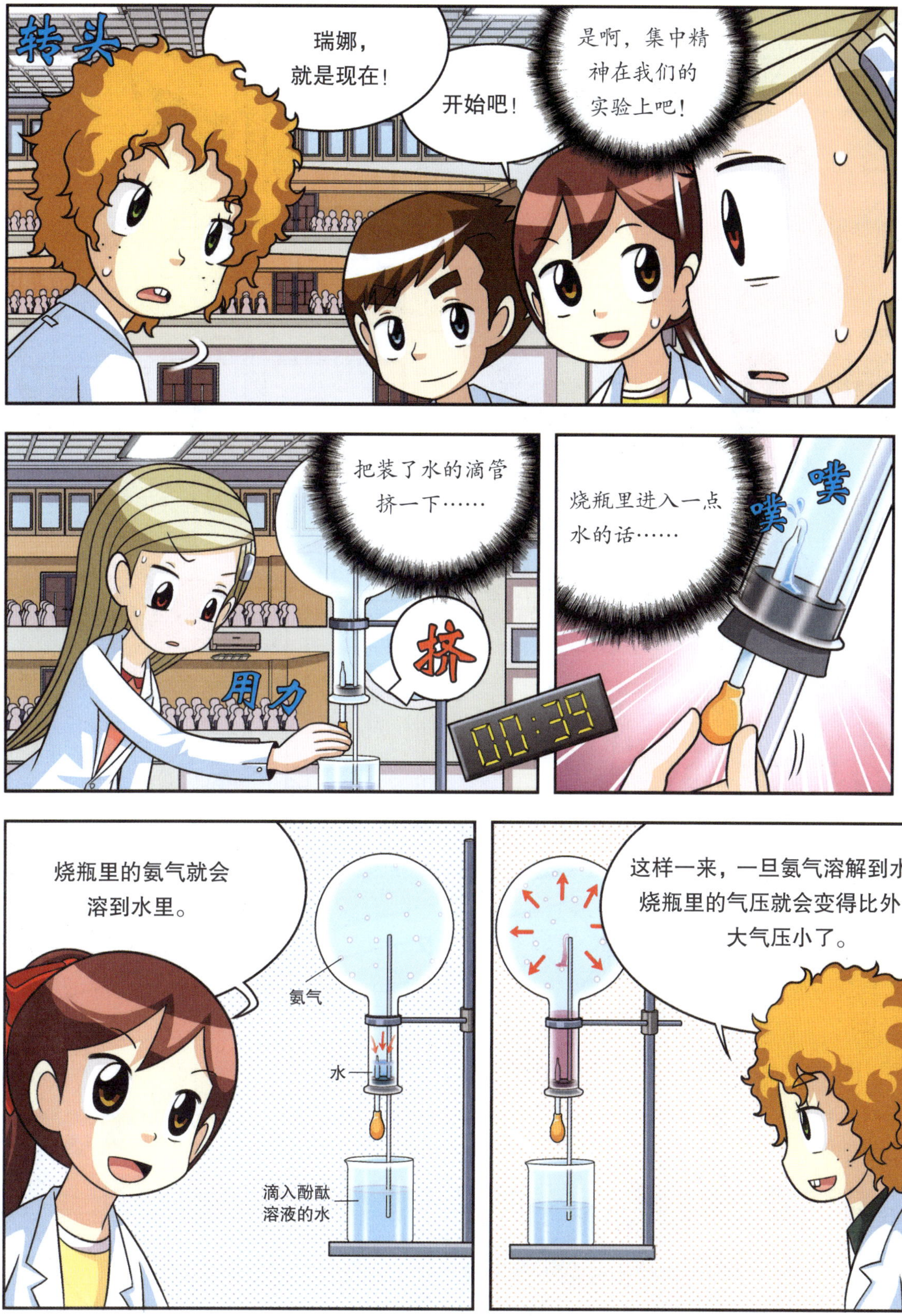
转头
瑞娜，就是现在！
开始吧！
是啊，集中精神在我们的实验上吧！
把装了水的滴管挤一下……
挤
用力
00:39
烧瓶里进入一点水的话……
噗
噗
烧瓶里的氨气就会溶到水里。
氨气
水
滴入酚酞溶液的水
这样一来，一旦氨气溶解到水中，烧瓶里的气压就会变得比外面的大气压小了。

而大气压会把烧杯里的水挤压到烧瓶里面！
哦？这是怎么回事？水竟然在玻璃管中倒流了，正在往上升！
那个是……？
00:35
喷出

00:12
成功了！
烧瓶里的水一旦变多，氨气就会加速溶解，气压差距就会变得更大……
砰
砰
00:09
哗
啦
啦
啦
00:05
水是红色的！
这是碱性的氨水与酚酞溶液作用后所产生的颜色！
你看那个！水突然喷出来了！
哇啊啊啊
哇，就像喷泉一样。

00:01
00:00
哔哔哔哔
好了，
第二次实验
时间结束。
哇啊啊啊
现在来公布两队的
实验结果。
啪
啪
真是太好了，
虽然惊险，
但完成了！
怎么可能！
因为两队都成功利用了
第一次实验的原理，因此
都各得10分。
哇啊

起身
要走了吗？
胜负已定，现在走的话，我们应该有充分的时间等候补队员，当然要走啦！
说得没错，走吧！
她应该不会到现在都没来吧？
啪
总分 78 比 77，
德国队获胜。
德国
78
印度
77
哇啊啊
印度队也辛苦了！
德国队获胜了！
恭喜！这真是场精彩的比赛。
哇啊啊啊

震耳欲聋
印度队，加油！你们的实验也很厉害！我一定要做一次渗透现象的实验！
嗯？又是她？吵吵闹闹的，跟范小宇可真像。
快走吧！
那个……我们可是支持德国队的。
愣住
私语
顺带一提，士元和瑞娜关系很好。
专注
哈哈哈
没关系啦！实验是不分赢家与输家的。
我觉得最重要的不是输赢，而是两队全力以赴地做实验的精神。
那个……
嗯？那是什么意思？

没错，虽然分出胜负，但是两队的实验都很完美。
早晚我们也会遇到难分胜负的艰难比赛！
重要的不是胜负，而是实验本身。
我也是因为想给大家看到像那样的精彩实验，才来这里的。
嗯？
什么？你说你是来参加比赛的？难道你不是江士元的粉丝？
已跟你说不是了！
碰到士元只是巧合啦。本来只能从画面里看到你们，现在我直接见到了你们，感觉很神奇，又很开心！
我是未来小学实验社候补队员哈妮。
什么？未来小学实验社候补队员？
锵
顿住
她说什么？

我可是未来小学实验社追加募集队员的第一名哟！
本来打算和未来小学实验社的人碰面，却迷路了……
啊！
结果碰巧遇到士元……就和你们一起看了比赛……
呵
那个……现在几点了？
快要四点了，你本来约的几点啊？
天哪！我竟然忘得一干二净了！各位，我先走一步了。
超慌张
让他们等到现在，肯定会很生气吧？
急匆匆
让开！
碰
吓
啊，对不起！

那个，哈妮！未来小学实验社就是——
我知道啦！
我听说未来小学实验社的人都很恐怖。
我是说……
谢谢你替我担心！下次再见啦，拜拜！
冲冲冲
她就是我们在等的……新的成员？
呜
这可能是一场噩梦吧！

氨气的喷泉实验

<table>
<tr><th colspan="2">实验报告</th></tr>
<tr><td>实验主题</td><td>利用氨气的特性制作喷泉实验，了解气体溶解于水的原理。</td></tr>
<tr><td>准备物品</td><td>❶ 塑料瓶 ❷ 三脚架 ❸ 酒精灯 ❹ 氨水 ❺ 盛有水的烧杯 ❻ 打火机 ❼ 铁架台 ❽ 酚酞溶液 ❾ 吸管 ❿ 滴管 ⓫ 打好孔的盖子 ⓬ 针筒 ⓭ 试管夹 ⓮ 试管
</td></tr>
<tr><td>实验原理</td><td>氨气一碰到水，就会以相当快的速度溶入水中。常温常压下，1 体积的水大约可以溶解 700 体积的氨气。</td></tr>
<tr><td>注意事项</td><td>❶ 注意不要闻实验药品的气味，一定要戴好口罩、护目镜和实验用手套。
❷ 一定要有指导老师在场，并在通风良好的实验室做实验。</td></tr>
</table>

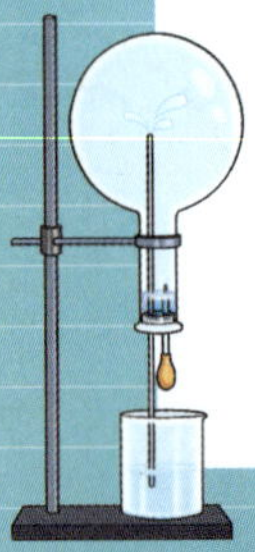

实验方法

❶ 在打好孔的盖子上插上装了水的针筒与吸管。

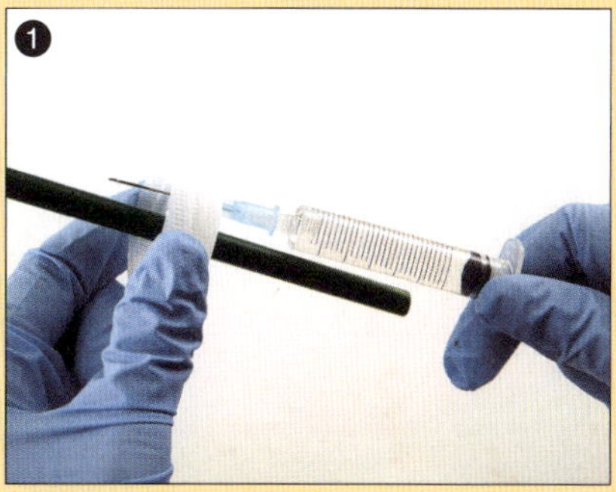

❷ 在盛有水的烧杯里滴入大约10滴酚酞溶液。

❸ 用滴管在试管里滴入约1/3的氨水。

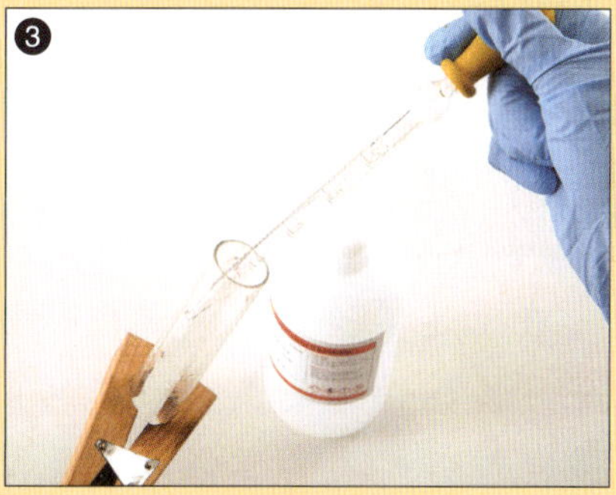

❹ 将试管口套入塑料瓶，用酒精灯加热试管，产生的氨气就会充满塑料瓶。
(*如果沾了酚酞溶液的棉花棒，在靠近塑料瓶口时变成红色的话，就代表瓶中已装满氨气了。)

❺ 为了不让气体外泄，要尽快用❶组装好的盖子，把塑料瓶的瓶口牢牢堵住。

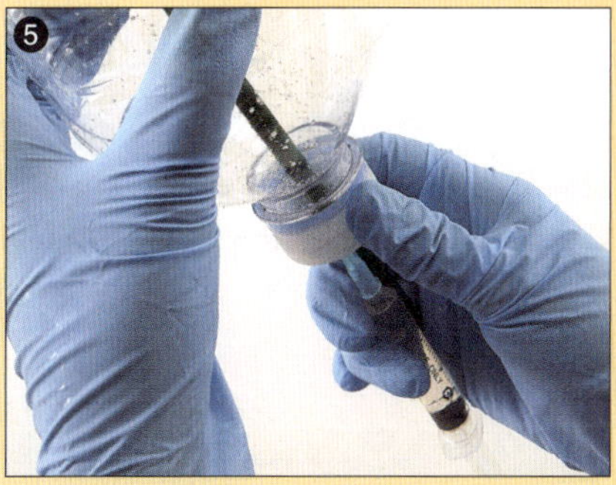

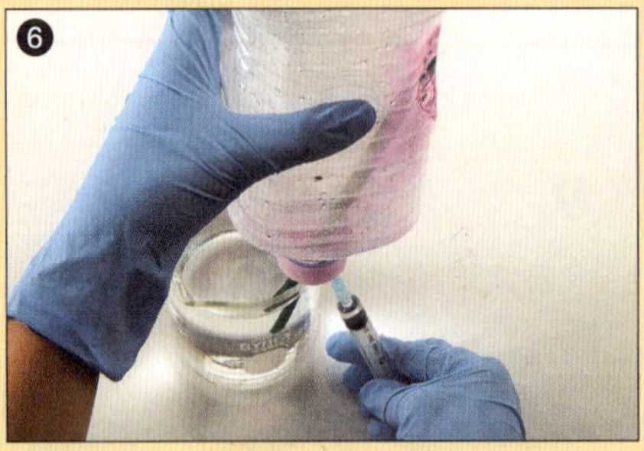

❻ 把吸管充分地浸泡在步骤❷配制好的烧杯里的溶液里，按压针筒，让水注入塑料瓶里。

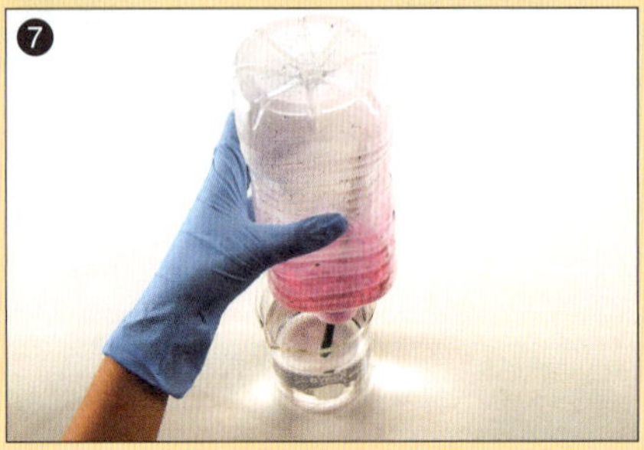

❼ 观察塑料瓶里发生的变化。

实验结果

烧杯里的水往塑料瓶里倒流上去的同时变红，并在瞬间把塑料瓶装满。

这是什么原理呢？

在上述实验中，装满塑料瓶的氨气会快速溶解到通过针筒灌入的水里。按压针筒前，塑料瓶的内外压强一致，随着氨气溶入水中的量增多，塑料瓶内的压强也逐渐降低。由于内外压强的差异，烧杯里的水会通过吸管倒流入塑料瓶，就像喷泉一样。烧杯里无色透明的水，在进入塑料瓶的瞬间变红的原因是，溶有氨气的碱性溶液与酚酞溶液相互作用，变成红色。

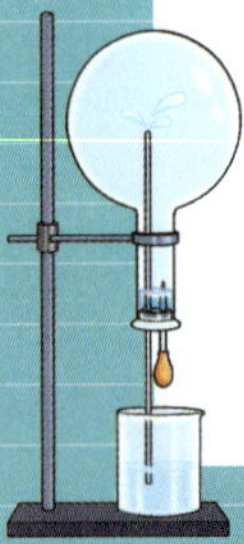

博士的实验室 1

山泉水与过滤水

第五部

如何抉择

轰隆隆
轰隆隆
哗啦啦
走廊里为什么会有乌云呢？
还下起雨来了？
我们等了那么久的新队员，竟然是第二个范小宇！
哗啦啦
要实力没实力，要个性没个性！没有一样令人满意！
我们花了一个小时讨论出来的结果，你们难道忘了吗？
惊
没错，我们原本就是打算见见她之后，再仔细想想的。
好吧，抛下成见，保持理性！
点头

咦？我们实验室的门没关。
大概是刚刚那个人吧？我们讨论了半天，所以也迟到了很久，她可能已经在里面等很久了。
不，是她先迟到的，让她体会一下我们之前等待的心情吧！
也对，这样很公平。
啪
别忘了，最重要的是新队员能否融入我们。
犀利
在远说得对！
我们的目标是组成一支完美的团队，并获得胜利！
抱歉，我们来晚了，你等很久了吗？
咔嗒

你们终于来了啊！
老师！您什么时候来的？
我也刚刚到，但是为什么只有你们，新队员呢？
她不在这里吗？
右看看
左看看
左看看
她明明就比我们先离开会场，还没到吗？
会藏在这里吗？
看来没有。
你们到现在都还没见面？我刚才在全体实验室看到她和范小宇正在做实验呢！
您说她正在全体实验室里做实验？
什么？和小宇吗？

啊，她大概是搞错约定的地点了，快点去和她会合吧！未来小学即将组成完美的四人团队……
火冒三丈
第一次合作竟然放了我们两次鸽子！
真是不可信赖！
马上就要正式比赛了，竟然还和别队成员一起玩耍？
真是没水平！
暴怒
竟然这么不尊重我们，自己随心所欲地行动。
配合度不佳！
愤怒
咦？
差劲的家伙……
喂，各位？
磨刀霍霍

注[1]：溶氧量：指水中氧气的溶解量，是天然水体自净能力的一个评估指标。

溶氧量与氮污染水平？这里能做这么精密的实验吗？
真是让人期待！和已经定好的比赛主题不同，这可是能看到这些家伙真正实力的大好机会啊！
那么，就开始吧？
快让我看看你们的实力吧！
首先用肉眼观察差别的话……
惊吓
锵

这么混浊，应该是被污染的水吧？
水深 2 米
是啊，但是，你是……？
那个，实验结束还有剩下的水的话，可以给我一点吗？
嘿嘿
啊，这上面写的是湖水呢！我就说嘛，难怪水混浊得很均匀。
可恶
她是谁啊？竟然在这么重要的时候来插上一脚？
我们正要做水的污染程度的测量实验。你想要用这种水做哪种实验呢？
我正和黎明小学实验社做渗透现象的实验。

悄悄
和黎明小学？
原来是要把蛋壳当成半透膜，观察水往蛋里移动后鸡蛋变大的渗透现象啊！
①把蛋泡在醋里至少一天
②蛋壳变成半透明
③蛋变大
嗯？
但是因为鸡蛋实验要花很长的时间，所以我说我能够用相同的原理，
在5秒内把泥水变成可以喝的水，小宇却不相信！所以我想要让他亲眼看看。
你说要找泥水，怎么跑来这里？
这些人有湖水，我想跟他们借一些。
我辛苦装的湖水，为什么要借你啊？
能在5秒内把泥水变成能喝的水？真好奇啊！
我也很好奇，污染测量的实验已经做过很多遍了，看新的实验应该会很有趣吧？
不行！
继续做刚才的实验！
点头

哈哈哈
这种大话你们也信吗？光喝水都要5秒了！
你们还真天真啊！
对吧？我刚才也说过同样的话。
这就是“适用技术”！
呃
适用……
……技术？
这些可以吗？
谢谢。
那边的实验台空着，我们去那边做吧！
转
当然好啊！
呜……我的计划不是这样的！
泪光闪闪
哈哈
振作点！

那个在哪里呢？
稍等一下啊。
东翻西找
你说要用适用技术做出能喝的水？那也是科学实验吗？
当然。
江临大概也知道吧？
当然知道啦！
如今，我们只要按动开关就会有电，打开水龙头就会有干净的水。但是这些我们认为理所当然的事情，在有些地方却因为条件限制没法实现。
非洲
这里的电不够用。
水源也不足。
因此，为了满足现实需求引入的替代复杂、昂贵的尖端技术，考虑地方特性，用低廉的费用和更加容易获得的材料解决问题的技术，即为适用技术。
啊，所以说适用技术并不是最尖端的技术，而是适合当地条件并让生活变得更便利的技术啊！
也就是在发展中国家切实可行的技术。
点头
举例来说……
转头

我来接着说明，适用技术可以应用在很多领域。
嗯哼
用脚踩的方式把地下水打上来的水泵
方便移动的滚动水桶
利用花盆做成的简易冰箱
把水和漂白剂放入塑料瓶内制作的灯泡
哦哦
还有最具代表性的适用技术，就是拥有净水功能的——
净水吸管！也叫生命吸管！
嗖
果然和我想的一样，用这个就能轻易地把被污染的水变成饮用水了。
没错，因为净水吸管是便携型的净水器。

我还是第一次看到，没想到是在这里。
是吗？
咕噜噜
这就是全部了吗？只用那点东西就能把被污染的水变干净吗？
嗯，使用的方法也很简单。把净水吸管泡到水里之后，
放入
像吸管一样往上吸就可以了！
吱吱
真的马上就可以喝了吗？

倒
滴答
滴
滴
通过吸管的水变干净了！
哇啊
刚才明明还是混浊的湖水，现在好像真的可以喝的样子。
当然可以喝啦！净水吸管是为了帮助那些无法取得干净水源的人，避免他们因喝了被污染的水得病而制造的。
我来看看，到底是什么构造，这么简单就能把水过滤出来呢？
我……我也想看。

这种净水吸管由三种功能的过滤材料组合而成。水先经过薄膜过滤层，把杂质去除，再通过碘过滤层，把细菌和病毒除去，最后经过活性炭过滤层，异味也会消失。
活性炭过滤层
碘过滤层
薄膜过滤层
他竟然连构造都这么了解！
你刚说你是第一次看到实物对吧？有机会的话，把它拆开看看吧！自己知道得越多，才越能掌握对方的实力。
什么？
难道你……？
我在想什么，他都知道吗？
第一次拿到，还真是神奇啊！
呼呼
东摸摸
西摸摸
一般的净水吸管的确需要安装多个过滤层来净水，但是这个可是只有一个过滤层的净水吸管哟！
嗯？

只有一个过滤层？
嗯，只要利用孔洞更细小的过滤层，就能把多次过滤的过程简化为一次。
你说只要一个过滤层，就可以得到和三个并用一样的净水效果？
过滤层不是利用渗透现象的半透膜原理吗？也就是说，半透膜的孔洞越小，就能过滤出越干净的水。
比如做成单管的反渗透净水机。只要做过反渗透实验，就会知道即使只有一个过滤层，干净的饮用水也可以要多少有多少！
反渗透净水机的构造可是很复杂的……
急匆匆
就算构造很复杂，原理还是很简单。只要有扫把和玻璃纸，要做多少就有多少哟！
找到扫把了。
玻璃纸在哪里呢？
我来帮你找吧！

但是反渗透是什么啊？渗透的相反作用吗？
没错，所以才被称为反渗透……
也就是说，要说明反渗透的话——
她真的知道吗？
当渗透现象达到平衡时，液面高度差所产生的压强，就叫作渗透压。虽然当有两种浓度不同的溶液时，低浓度往高浓度移动是很自然的，但是只要用人为的方式给予压力，就可以让高浓度的一边往低浓度的一边移动。这就是反渗透现象。
渗透
高浓度
低浓度
半透膜
施加压力
反渗透
高浓度
低浓度
哇，解释得真好啊！
哦。
如果说水分子往渗透现象的反方向走的话，
这是玻璃纸。
谢谢！
哦
被污染的水因为溶有很多污染物质，所以浓度高，只要在这边施予压力，
压力
被污染的水
干净的水
让它通过半透膜的话，水就会……

我让你们亲眼看看。我以前在家里用扫把杆做过，用其他东西实验的话，搞不好会失败，就用这个再做一次吧！
啪！
果然和我风格一致。
啪
把扫把杆的盖子和扫把头分离。
啪
啊，只要把扫把杆当作管子使用，一头儿用玻璃纸封住就可以了吗？
然后在管里装满湖水吗？
没错！一边用玻璃纸封住，然后在另一边倒入湖水。
哗哗
绑紧
那压力要怎么……？
她把橡皮塞了进去，大概是要利用那个吧！
放入正好符合管子直径大小的橡皮塞，往前推进增加压力的话……
紧紧

污染物无法通过具有半透膜功能的玻璃纸，只有水能通过，所以干净的水就出来了！
滴
原来如此，我只想研究能作为比赛的厉害的实验，没想到这么简单的实验里也能看到反渗透的原理。
好厉害！
但是！
问题是到现在都还没开始。
这个……为什么……拔不出来？
唰
加油！
她在干吗？
唰
唰
单靠我的力量肯定没办法，你可以帮我抓住那边吗？
呼呼
呼
呼
我……吗？
吃奶的力气
用力
用力
稳固

呼，还是让我出马吧！
怎么会拔不下来呢？打扫的时候可是经常会掉呢！
面红耳赤
顿住
大约 4 小时前
要迟到啦！快点打扫完走人啦……
啪
唉，又掉了！这都已经几次了啊？
有好方法了！用胶水把它永远粘起来。
刺
挤出
想起来了！
太好了！粘起来了，但是……？
我的手也粘在一起了！
那是我用胶水牢牢粘起来的扫把啊！硬拔的话，搞不好会受伤啊！
咔嚓
不行！那个绝对拔不……
嗯？

啊！
滑溜
嗯？
甩
甩
倒下
四脚朝天
哈妮，
你没事吧？
嗯哼……
没关系，摔倒对我来说是家常
便饭。但是扫把就……
摸摸

当
啊，
你们是……
……
全体
实验室
啊！是未来小学
实验社！
起身
吓
我以为你会因为迟到而急着来找我们，现在看来你和其他队玩得很快乐嘛！
拿起
啊，是我迟到了，抱歉……
刚刚我去实验室，你们不在，所以等了一下就……
冷漠……
我是即将和你们组成一队的哈妮，请多多指教。

不用，你不需要
我们的指教。
我们已经决定
不收新队员了。

嗯？
所以你还是回家吧！
咚
什么？
要我……
回家？

比重与比重计

液体比重计

比重计是测量比重的工具，根据目的不同，人类开发出了各式各样的比重计。测量液体比重的器具有比重计与比重瓶等，测量固体比重的器具有天平等，而测量气体比重的器具则有气体比重计等。

液体比重计通常以玻璃制成，一端是细长的管子，由上到下画有等距的刻度，另一端则放入密度很大的汞或铅等物质。要测量某种液体的比重时，先把待测液体装到大量筒中，再放入比重计，此时的液面所对应的玻璃管上的刻度，就是该液体的比重。

液体比重计利用的是阿基米德原理：漂浮在流体上面或浸没在流体中的物体受到的向上的浮力大小等于该物体排开的流体所受的重力。量筒装的待测液体的比重越大，比重计浸入液体中的体积就越小，比重计下沉的高度就越少。

制作简易液体比重计

利用喝珍珠奶茶的粗吸管来制作简易的液体比重计。按照下面的步骤做好的粗吸管简易液体比重计会浮在烧杯中，请观察杯内的水面会对应吸管上的哪个刻度。

①准备 2 根长度为 10 厘米的粗吸管，以 0.5 厘米的间距画上刻度。

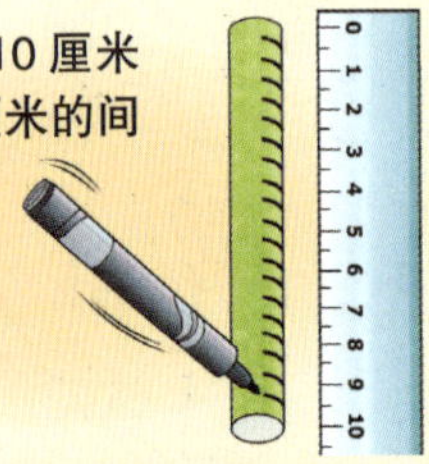

②将粗吸管的一端用热熔胶密封，该端再插上 4 个图钉。

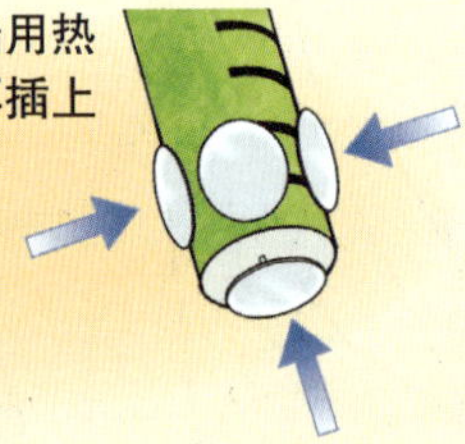

③准备两个容积相同的烧杯，放入不同分量的盐。

④把做好的粗吸管分别放入烧杯里，观察刻度的差别。

博士的实验室 2

渗透现象

第六部

组成完美团队

等一下！你们这些冷酷的人！
离约定时间稍微晚了一点，你们就直接叫她回去？她是因为想做实验，才一个人跑来这么远的地方啊！
连一次机会都不给她，未免也太过分了吧！
碎碎念
“阴魂”不散
哼
你别插手，这是我们队的事。
冷淡
你们队？
没错，范小宇，这不关你的事。
哪有这种事？这可是全体参赛成员的事！
我话还没说完，你们要去哪里？站住！
转身
转身

按
休息一下再回去吧，突然发生这么多事，有点累！
哐当
别理范小宇，他说话不经大脑。
不知道是不是因为范小宇的话，感觉更过意不去了。
啪嗒
不必介意，这是我们一起做的决定。
各位，再考虑一下嘛！
多一个人的话，整理练习室也会更快。
而且她的个性很活泼！会为你们队带来活力！
萌
哎哟
各位，你们听到我说话了吗？
嗯？那不是范小宇吗？
虽然能理解小宇的心情，但是他们不是会轻易改变主意的人啊！
是吗？
磨蹭

啊，原来是哈妮啊……
未来小学实验社的伙伴都是很固执、自尊心又强的人呢！一旦决定，之后不管发生什么事，都不会改变的，因为他们非常相信自己的判断。骨牌对决时，也是因为这样才能够赢过美国队。
我们可没有输，只是让他们而已。
没错！
原来如此，正因为很有自信，所以非常坚持自己的判断。
转
喂！你别再跟过来了！回你们队上去啦！
嗖
不见了……
啪
啪
我可没有跟着你们，而是走在你们前面哟！
恼火
让人恼火的家伙！

你再怎么说，我们也不准备改变主意。
因为我们已经决定了！
反正还有空缺，不是吗？两个比一个好，三个比两个好，四个比三个更好！
磨蹭
才不是呢！并不是多就好。
猛停
范小宇，你听好了！
要是某种物质无法溶入另一种物质的话，那就不叫作溶液。就算有空缺，让无法融入团队的人进来的话……
无法融入团队的人？
咕咚
我们队本来像一种稳定的溶液，外人一进来，搞不好会产生危险的变化！
我们现在没有时间冒那种险。
你说会变危险？
没错，所以从现在开始，你就别再啰唆了！
!!
!

练习室 E
……
唰啦啦
……
哐当
……
……
唰啦啦

本来想当作欢迎她的礼物，现在没必要了。
哐当
其实我们刚刚没必要那么冷酷地跟她说话，不知道她离开了没有。
与其让她抱有多余的期待，不如把我们的意思准确传达给她，让她没有任何留恋。
是啊，没错。
点头
她看起来性格很开朗，应该马上就会忘了吧！
嗯，她的个性算是唯一值得称赞的地方，难怪小宇刚认识她就那么袒护她。
呼……

刚刚在比赛场上，我看她为印度队加油，也能感受到她是真心对待实验的。相信你们也有相同的感受。
没错，而且她刚刚好像在做实验给美国队看，她应该也有很强的自信心吧！
哗啦啦
她似乎比我们想象中优点更多？就算这样……
而且还为不合常理的解释敲边鼓，
她真心赞叹小宇的说明，又是怎么一回事？
呵
甚至还给了荒唐的结论！
我们的决定果然是正确的！
没错！就算她有很多优点。
我们快把实验室整理干净吧！
转身
嗯，今天早点回去，好好休息……
顿住

但是，这个实验是谁做的呢？
嗯？
你说实验吗？不是我啊？
白天的时候明明没有啊？
这么说，就是有人进我们的实验室做实验了？到底是谁？
等一下！她刚刚是不是说她来过实验室？
刚刚我去实验室，你们不在，所以等了一下就……
嗯？你说她在我们不在的时候，自己做了实验？
难道……

但是那个缎带是什么呢？
难道是礼物的意思吗？
拿出来就知道了。
小心
摇晃
哦，玻璃管里的白色晶体在变化！
转转转转
结晶慢慢扩散的同时，也在慢慢向下沉淀！
亮晶晶
好漂亮啊！
就像白雪落下一样。

氯化铵、酒精灯，还有水跟烧杯……
氯化
转头
看这些实验用品，应该是氯化铵的结晶实验。
如果是氯化铵结晶实验的话……
不是跟我们刚刚做的“炽热的冰山”实验一样吗？
没错，我们是用了过饱和状态的乙酸钠溶液。利用过饱和溶液只要遇到一点冲击，就会产生结晶的原理，来做出美丽的冰山。
乙酸
溶解
结晶
而这个实验是先把氯化铵溶解于水中制成过饱和溶液后，再降低溶液的温度，让溶质产生结晶。溶液的温度变低的话，溶质就会析出，形成较大的结晶。
氯化
溶解
结晶

她看懂了我们实验的原理，
而且还用同样的方式表达了自己的想法……
各位，抱歉来晚了！
啪嗒
哦？什么人都没有！
这个不是过饱和溶液的结晶实验吗？
所以才用同样的结晶实验来回应我们！
这是为了欢迎我而做的！那么我也要表示感谢才对。
我也很高兴！能和你们这样帅气的伙伴成为一队，真的很开心！
……

我们现在想的都一样，对吧？
点头
当然！
她不仅能够明白我们实验的目的，而且还是个有实力、能用实验来回应的人！
绝对和我们合得来！

趁着还来得及，赶快把她找回来吧！
噗噗噗

嗒
嗒
嗒
请问你们有没有看到一个背着大书包的卷发女孩？
没看到呀！
我也没看到。
那不是小宇吗？他在找谁？
她长什么样？
那个……
啊……
看来他还在找那个女孩。
她有一头可爱的卷发……
范小宇！
嗯？

你果然不会错过吃饭时间。
不过，其他人呢？
江瑞娜！
你今天的比赛……
好了，不用恭喜我啦，等拿到冠军，我再接受你的祝贺！
不是那样的，你看到比赛时和我坐在一起的女孩子了吗？她个子大概这么高，还背着一个大书包……
呼
什么？
啊，是刚才那个女孩吗？
是吗？
哦哦！
看到了吗？
在哪里？
嗯，她当时独自一人坐在公交车站……

嗒
嗒
公交车站吗?我知道了!待会见啊,谢啦!
嗒
哦,等一下!
现在大概不在那里了吧……
就是啊,已经是一小时前的事了……
呼
呼
哈妮!哈妮!
呼
嗯?
停住
范小宇!
你们在这里做什么?

你看到哈妮了吗？她刚才不是还和你一起做实验吗？
你知道她去哪里了吗？
事到如今，为什么还要找她？明明刚刚还冷酷地叫她回家！
是我们判断错误了！以为她不适合我们……
但是现在一定要把她找回来！
你们现在才恍然大悟吗？
我也一直在找她。
看来哈妮应该已经离开了。
什么？
太迟了！
哎呀
咚……

聪明，那里……
步履蹒跚
小宇！
嗯？
你们怎么出来了？
当然是为了找你啊！你吃过饭了吗？
小宇，你还好吗？我好担心啊！
嗒
嗒
嗒
嗒
为我担心的队友们……
欲哭
各位，那个……
紧握

我今天再一次体会到了，我们果然是命中注定的团队！不管是开心还是难过的时候，任何时候我都想和你们在一起！
我发誓，我会和你们同在，直到白发苍苍，心怡和聪明，还有……
哇啊
哇啊
哇啊
哇啊
哇啊
哇啊
士元呢？
晚上我也一直没看到士元，
大概是去图书馆了吧？
偷偷
偷偷
摸摸
竟然不担心我？
哈哈
江士元！你要是一直这样，等我离开的时候，你可是会后悔莫及的！
哈哈
就像未来小学那些家伙一样！
我在这里的时候，你可要好好对我啊！
哈哈哈
为什么突然这么说呢？
是因为刚才哈妮的事吗？

步履蹒跚
……
……
……
小宇，一起走嘛！
哈哈哈
差不多该回去了，还要整理实验室呢！
到目前为止，还不曾为我们的决定后悔过呢……
脚步沉重
是啊，就算是我们也……
因为太相信自己，所以犯了大错。
脚步沉重
我们会没事的！
只是没考虑清楚，所以才错失了能组成完美团队的机会，对吧？
哈
哼……
哈哈
看起来一点也不像没事的样子！

咚
啪
我不是叫你把那边抓紧一点了吗？你力气太小了！
嗖
飞起
这在结构上就出错了，才不是力气的问题！
这是我的帐篷，我最了解，你就不能照我说的方法帮忙吗？
我干吗要帮你？
因为我的包包钩到你的衣服了！我跟你说我能好好解开，结果你却擅自主张把它扯掉了，不是吗？
忍住
这两者有什么关系？而且这是我的衣服啊！
哼

哈妮！
吓一跳
真是太好了，你还没走？
被发现了！
一转
没错！我还没走！
呼
飞起
这是怎么一回事？

上巴士之前，我已经下定决心，要再给你们一次机会。虽然我不知道你们为什么讨厌我，但是如果你们真的了解我的话，一定会发现是你们判断错误了！
再说，我也需要一个机会！
呼……
绝对不能让你们得逞，把我赶走！
嗯？
果然！你有资格成为我们的一分子。
我们本来以为你会因为我们的一句话，就回家去了……
真有毅力！
扑通
扑通
扑通
因为我们还没一起做过实验，也就是说，还需要相互磨合的时间。
意思是……

不过，你能加入我们吗？
开始和我们一起做实验吧！
真的吗？
雀跃
切
什么嘛……
一下这样，一下那样，我真的不喜欢变来变去的人！
刚才真的很对不起，
是我们太着急了。
你别生气。
啊……
我知道啦！我可不是个心胸狭窄的人，相处久了之后你们就会知道。
伸
那就拜托你了，我是未来小学实验社的田在远。

啪

嗯，我也要拜托你们多多照顾了！
一起组成完美的团队吧！

溶解与溶液

把砂糖放到水里搅拌溶解，虽然用肉眼看不到了，但是砂糖并未消失，而是以分子状态均匀地分散在水中，形成了糖水。如上所述，溶质溶解在溶剂里的时候，并没有消失，而是溶质和溶剂均匀混合，形成了溶液。

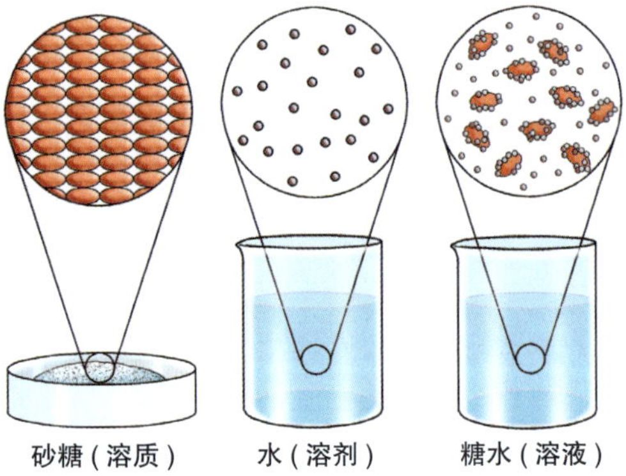

物质的分子中电荷分布不均匀，就是极性分子；分布均匀，则为非极性分子。极性分子构成的物质，很容易溶解在极性溶剂中，非极性分子构成的物质则很容易溶解在非极性的溶剂中，这又称之为“相似相溶原理”。

溶液的质量与体积会发生哪些变化呢？砂糖全部溶解于水中时，虽然肉眼看不到，但是砂糖的质量并没改变，所以砂糖与水的质量总和，和砂糖加水溶解为溶液后的总质量是一样的。然而，糖水的体积却比砂糖与水的体积总和小，这是因为砂糖颗粒间和分子间有间隙，而糖水中，水分子填入了间隙并让糖溶解，导致总体积变小。

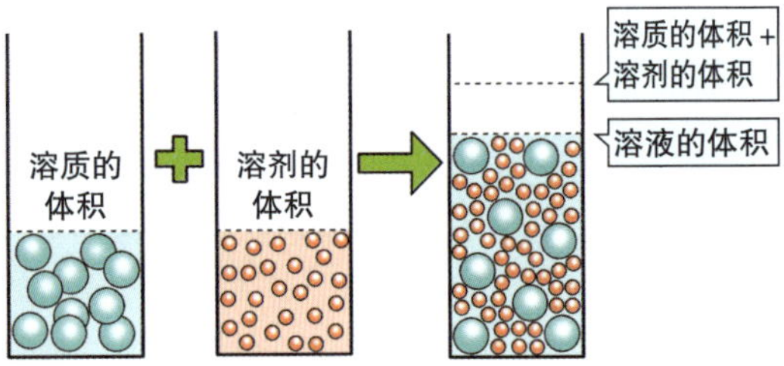

小贴士 盐无法溶于食用油的原因？

盐虽能溶于水，却无法溶于食用油中。盐由钠离子和氯离子组成，由于钠离子和氯离子之间的电荷分布不均匀，因此属于极性强的物质，从而能溶解在同样具有极性的水分子构成的水中。

然而，把盐放入食用油中时，由于油脂这类疏水性的物质属于非极性分子构成的物质，而非极性的溶剂无法溶解极性溶质，所以盐就无法溶解于食用油中。

溶解与溶解度

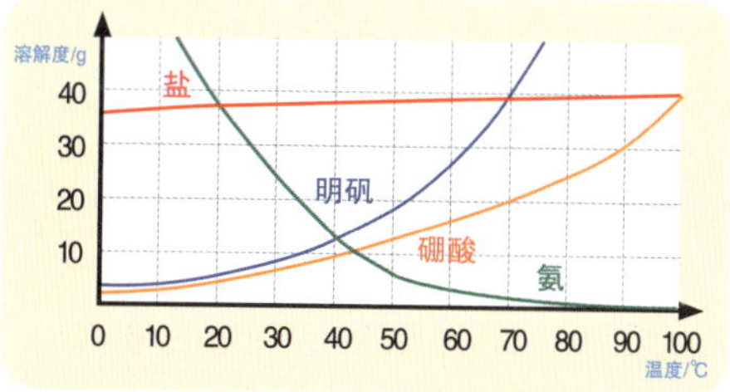

几种物质的溶解度 温度不同，物质的溶解度也会有所改变

砂糖虽能溶于水，但是持续往水中加入砂糖的话，到某个程度就会因无法再溶入更多砂糖而出现沉淀。这是因为在固定的温度和压力下，一定量的水只能溶解一定量的砂糖。例如室温（约25℃）情况下，100克的水能溶解糖的最大量是212克，此即糖在25℃时的溶解度。溶解度根据溶质的种类和溶剂的温度等会有所不同。在大部分情况下，溶剂的温度越高，固体和液体溶质的溶解度越高，而溶剂温度越低，气体溶质的溶解度越高。

在一定条件下，溶剂中所溶解的溶质等于溶解度的溶液，称为饱和溶液。

在一定条件下，溶剂中所溶解的溶质低于溶解度的溶液称为不饱和溶液，此时还能溶入更多的溶质。

利用将较高温度时制备的饱和溶液缓慢冷却等方式，让溶液中的溶质浓度超过原来温度下的溶解度，这种不稳定状态下的溶液称为过饱和溶液。

让物质更快溶解的方法有哪些呢？把砂糖放入水中，静置不管的话，溶解的时间会很长，但是搅拌一下就会溶得比较快。影响物质溶解快慢的因素有：是否搅拌及搅拌的速度、溶质与溶剂的接触面积和溶剂的温度等。

搅拌得越快，物质分子和水分子就撞击得越频繁，分子间的连接也更容易被切断。

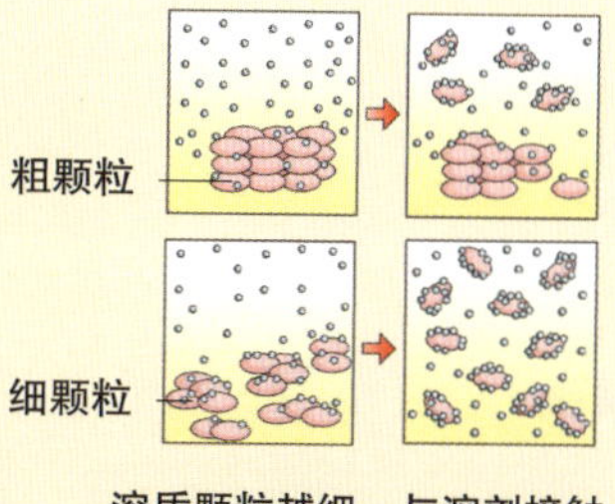

溶质颗粒越细，与溶剂接触的总表面积就会越大，就能越快溶于溶剂中。

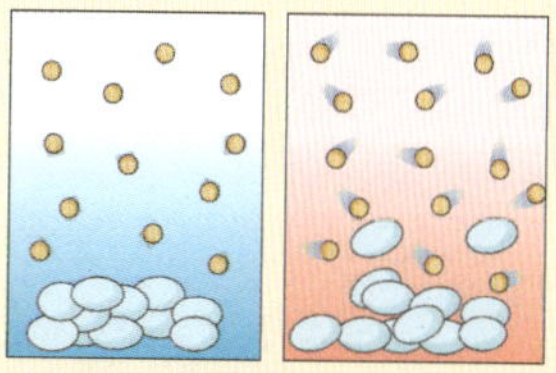

溶剂温度越高，分子的运动就越快，因此分子便能轻易分开且快速溶于溶剂中。

图书在版编目（CIP）数据

溶剂与溶质 / 韩国故事工厂文 ；（韩）弘钟贤图 ；
徐月珠译. -- 南昌 ： 二十一世纪出版社集团，2024.6（2025.3重印）
（我的第一本科学漫画书. 科学实验王 ： 升级版 ；
37）
ISBN 978-7-5568-8227-4

Ⅰ. ①溶… Ⅱ. ①韩… ②弘… ③徐… Ⅲ. ①溶剂—
少儿读物 Ⅳ. ①TQ413-49

中国国家版本馆CIP数据核字(2024)第099825号

版权合同登记号：14-2021-0129

我的第一本科学漫画书升级版
科学实验王㊲溶剂与溶质　　[韩] 故事工厂/文　[韩] 弘钟贤/图　徐月珠/译

出 版 人	刘凯军
责任编辑	魏　霞
特约编辑	任　凭
排版制作	北京索彼文化传播中心
出版发行	二十一世纪出版社集团（江西省南昌市子安路75号　330025）
	www.21cccc.com（网址）　cc21@163.net（邮箱）
经　　销	全国各地书店
印　　刷	江西千叶彩印有限公司
版　　次	2024年6月第1版
印　　次	2025年3月第3次印刷
印　　数	16001～26000册
开　　本	787 mm × 1060 mm 1/16
印　　张	10.75
字　　数	134千字
书　　号	ISBN 978-7-5568-8227-4
定　　价	35.00元

赣版权登字-04-2024-419

购买本社图书，如有问题请联系我们：扫描封底二维码进入官方服务号。服务电话：010-64462163（工作时间可拨打）；服务邮箱：21sjcbs@21cccc.com。